平成３０年

漁業経営調査報告

大臣官房統計部

令　和　２　年　７　月

農林水産省

目　　次

利用者のために

1　調査の目的

漁業経営調査（以下「本調査」という。）は、海面漁業経営体の財産状況、収支状況、操業状況等の経営体の経営実態を明らかにし、水産行政等の推進のための資料を整備することを目的としている。

2　調査の沿革

漁業経営体の安定的発展を図る各種水産施策推進の基礎資料を得るため、漁業を営む経営体の経営収支等を把握することを目的として、昭和26年に「漁家経済調査」を開始した。

調査開始時点では、10トン未満の漁船漁業を営む経営体のうち、漁業経営が中心である漁家から有意選定された490戸を対象とした。

昭和31年に漁業センサス結果を母集団とした任意抽出手法の導入、調査対象に第2種兼業漁家及び漁業企業体を追加するといった見直しを行い、平成13年に調査体系を家族型経営調査、雇用型経営調査、会社経営体調査及び共同経営体調査に再編し、名称を「漁業経営調査」に変更した。

平成18年には、調査対象を「漁業を主業とした経営体」に絞り込むため第２種兼業漁家を除外するとともに、家族型経営調査及び雇用型経営調査を統合して個人経営体調査とした。

平成28年には、共同経営体調査を廃止するとともに、個人経営体調査における海面養殖業の対象水産物の見直し、会社経営体調査における大型定置網漁業及びさけ定置網漁業を廃止した。

3　調査の根拠

本調査は、統計法（平成19年法律第53号）第19条第１項に基づく総務大臣の承認を受けて実施した一般統計調査である。

4　調査機関

本調査は、農林水産省大臣官房統計部及び地方組織を通じて実施した。

5　調査の体系

本調査の体系は、次のとおりである。

漁業経営調査
- 個人経営体調査
- 会社経営体調査

6　調査の対象

本調査の対象は、2013年漁業センサス結果に基づく漁業経営体のうち、次の経営体とした。

(1)　個人経営体調査は、全国の漁業経営体のうち、個人経営体で海面漁業を営む専業又は第１種兼業（注）の経営体を調査の対象とし、次のとおり分類した。

ア　漁船漁業

海面において主として動力漁船を用いて漁船漁業を営む経営体

イ　小型定置網漁業

海面において主として小型定置網漁業を営む経営体

ウ　海面養殖業

主として対象水産物（ぶり類、まだい、ほたてがい、かき類及びのり類）の海面養殖業を営む経営体

注：　第１種兼業とは、個人経営体として、過去１年間の収入が自家漁業以外の仕事からもあり、かつ、自家漁業からの収入が自家漁業以外からの収入よりも大きかった場合をいう。

(2)　会社経営体調査は、全国の漁業経営体のうち、会社（会社法（平成17年法律第86号）第２条第１項に基づき設立された株式会社、合名会社、合資会社及び合同会社）であり海面漁業を営む経営体を調査の対象とし、次のとおり分類した。

ア　漁船漁業

海面において主として漁船漁業を営むもので、かつ、使用する動力漁船の合計トン数が10トン以上の経営体

イ　海面養殖業

主として対象水産物（ぶり類及びまだい）の海面養殖業を営む経営体

7　調査対象者の選定（選定方法）

(1)　標本の大きさの算出及び標本配分

ア　個人経営体調査

(ｱ)　漁船漁業については、全国における漁労収入を指標とする目標精度（標準誤差率）を5.0％として必要な調査対象者数（設計上の標本の大きさ）を算出した。

なお、標本配分は、各経営体階層（使用する動力漁船の合計トン数で区分した３トン未満、３～５トン、５～10トン、10～20トン、20～30トン、30～50トン、50～100トン及び100トン以上の８階層）別に最適配分し、さらに、大海区別、都道府県別の順に階層の大きさに応じて比例配分した。

(ｲ)　小型定置網漁業については、漁労収入の目標精度を10.0％として全国の標本数を定め、その標本数を各経営体階層（使用する動力漁船の合計トン数で区分した３トン未満、３～５トン、５～10トン、10トン以上の４階層）に最適配分し、さらに、都道府県別の階層の大きさに応じて比例配分した。

(ｳ)　海面養殖業については、各養殖業の漁労収入の目標精度を10.0％として全国の標本数を定め、その標本数を下記に示す各養殖業別の経営体階層に最適配分した。

ぶり類養殖業　　：1,000㎡未満、1,000～2,000㎡、2,000㎡以上の３階層
まだい養殖業　　：1,000㎡未満、1,000～2,000㎡、2,000㎡以上の３階層
ほたてがい養殖業：5,000㎡未満、5,000～10,000㎡、10,000㎡以上の３階層
かき類養殖業　　：5,000㎡未満、5,000～10,000㎡、10,000㎡以上の３階層
のり類養殖業　　：5,000㎡未満、5,000～10,000㎡、10,000㎡以上の３階層

次に、配分した経営体階層別標本数を、各養殖業の主産地（2013年漁業センサス結果で経営体数の多い都道府県から累積しておおむね８割を占めるまでの都道府県とする。以下同じ。）に限定し、当該主産地に属する都道府県別に、階層の大きさに応じて比例配分した。

なお、各養殖業に係る主産地及びその主産地を構成する都道府県（かっこ内に表示）は次のとおりである。

ぶ り 類 養 殖 業：四国（愛媛県及び高知県）及び九州（長崎県及び鹿児島県）
ま だ い 養 殖 業：東海（三重県）及び四国（愛媛県及び高知県）
ほたてがい養殖業：北海道及び東北（青森県）
か き 類 養 殖 業：北海道、三陸（岩手県及び宮城県）、東海（三重県）、瀬戸内（兵庫県、岡山県及び広島県）及び九州（福岡県及び長崎県）
の り 類 養 殖 業：東京湾（千葉県）、東海（愛知県及び三重県）及び有明海（福岡県、佐賀県及び熊本県）

イ　会社経営体調査

(ｱ)　漁船漁業については、全国における漁労売上高を指標とする目標精度（標準誤差率）を5.0％として必要な調査対象者数（設計上の標本の大きさ）を算出した。

なお、標本配分は、各経営体階層（使用する動力漁船の合計トン数で区分した10～20トン未満、20～50トン、50～100トン、100～200トン、200～500トン、500～1,000トン及び1,000トン以上の７階層）別に最適配分し、さらに、都道府県別の階層の大きさに応じて比例配分した。

(ｲ)　海面養殖業（ぶり類養殖業及びまだい養殖業）については、各養殖業の漁労売上高の目標精度を10.0％として全国の標本数を定め、その標本数を各養殖業別の各経営体階層（2,000㎡未満、2,000～3,000㎡、3,000㎡以上の３階層）に最適配分した。

次に、配分した経営体階層別標本数を、各養殖業の主産地に限定し、当該主産地に属する都道府県別に、階層の大きさに応じて比例配分した。

なお、各養殖業に係る主産地及び主産地を構成する都道府県（かっこ内に表示）は次のとおりである。

ぶり類養殖業：四国（香川県）及び九州（長崎県、大分県、宮崎県及び鹿児島県）
まだい養殖業：四国（愛媛県）及び九州（長崎県及び熊本県）

(2)　調査対象の抽出

2013年漁業センサス結果に基づいて、調査の対象に該当する海面漁業経営体（母集団）のリストを調査の種類別、経営体階層別及び都道府県別（個人経営体調査のうちの漁船漁業については大海区別都道府県別）に作成した。

次に、作成したリストを次の条件に従って並び替え、(1)により算出した調査対象者数で等分したそれぞれの区分から各１経営体を無作為に抽出し、調査対象とした。

ア　漁 船 漁 業：経営体階層別に使用する動力漁船の合計トン数の降順
イ　小型定置網漁業：経営体階層別に使用する動力漁船の合計トン数の降順
ウ　海面養殖業：養殖種類別に養殖施設面積規模の降順

(3)　調査種類別の調査対象者数

ア　個人経営体調査

漁船漁業	278経営体	小型定置網漁業	47経営体
ぶり類養殖業	10経営体	まだい養殖業	14経営体
ほたてがい養殖業	32経営体	かき類養殖業	24経営体
のり類養殖業	22経営体		

イ　会社経営体調査

漁船漁業	119経営体	ぶり類養殖業	12経営体
まだい養殖業	10経営体		

8　調査期間

個人経営体調査は、平成30年１月１日から同年30年12月31日までの１年間である。

また、会社経営体調査は、平成30年４月１日から平成31年３月31日までの間に到来した決算日前１年間である。

9　調査事項

(1)　個人経営体調査

ア　世帯員及び漁業従事状況に関する事項

イ　漁船の規模及び養殖施設に関する事項

ウ　財産に関する事項

エ　収入及び支出に関する事項

オ　漁業・養殖業生産物の漁獲及び収獲に関する事項

カ　労働時間など漁業操業に関する事項

(2)　会社経営体調査

ア　漁業操業状況に関する事項

イ　使用漁船に関する事項

ウ　財産に関する事項

エ　漁業投下固定資本に関する事項

オ　損益に関する事項

10　調査方法

(1)　個人経営体調査

調査対象者による収支・労働に関わる調査票（日記帳及び台帳）の記帳（自計調査）及び職員又は統計調査員の面接調査を併用して取りまとめる方法、又は調査対象者が税務申告関係帳簿類等を用いて調査票に記入（自計調査）する方法のいずれかにより行った。

(2)　会社経営体調査

調査対象者が自己の経営管理や税務処理に備えて作成記録している会計帳簿類、財務諸表等を利用して調査対象経営体の決算終了後に調査票へ記入（自計調査）する方法により行った。

11　集計方法

本調査の集計は、農林水産省大臣官房統計部において行った。

(1)　集計調査対象数

集計は、調査対象者のうち、調査期間中に主たる漁業種類を変更した調査対象者及び廃業等により調査中止となったものを除いた調査対象により行った。

ア　個人経営体調査

漁船漁業	276経営体	小型定置網漁業	45経営体
ぶり類養殖業	10経営体	まだい養殖業	14経営体
ほたてがい養殖業	32経営体	かき類養殖業	24経営体
のり類養殖業	22経営体		

イ　会社経営体調査

漁船漁業	118経営体	ぶり類養殖業	11経営体
まだい養殖業	10経営体		

(2)　平均値の算出方法

調査対象者ごとに定めたウエイトを用いて、集計対象とする区分ごとに加重平均により算出した。

$$\overline{x} = \frac{\sum_{i=1}^{n} w i \times x i}{\sum_{i=1}^{n} w i}$$

$\overline{x}$　：当該集計対象区分に属する経営体又は漁労体についてのｘ項目の平均値の推定値
ｘｉ：当該集計対象区分に属するｉ番目の集計調査対象者のｘ項目についての調査結果
ｗｉ：当該集計対象区分に属するｉ番目の集計調査対象者のウエイト
ｎ　：当該集計対象区分に属する集計調査対象数

ウエイトは、次により算出した標本抽出率の逆数とし、全国、経営体階層別、大海区別等に区分した階層ごとに集計した。

ただし、海面養殖業のうち、主産地別の平均については、総和平均により算出した。

$$標本抽出率 = \frac{当該階層から抽出した集計調査対象数}{2013年漁業センサス結果における当該階層の大きさ（経営体数）}$$

12　実績精度

１経営体当たりの漁労収入（漁労売上高）を指標とした調査種類別の全国平均の実績精度を標準誤差率（標準誤差の推定値÷対象項目の推定値×100）により示すと次のとおりである。

なお、集計対象者数が少ない区分等においては、相当程度の誤差を含んだ値となっており、結果の利用に当たっては、留意されたい。

(1)　個人経営体調査

漁船漁業	5.6%	小型定置網漁業	15.7%
ぶり類養殖業	9.4%	まだい養殖業	11.9%
ほたてがい養殖業	9.7%	かき類養殖業	17.3%
のり類養殖業	9.6%		

(2)　会社経営体調査

漁船漁業	10.8%	ぶり類養殖業	14.5%
まだい養殖業	26.1%		

13　統計表の編成

(1)　個人経営体調査

個人経営体の１経営体当たりの平均値を表示した。

ア　海面漁業

(ｱ)　経営体階層別

漁船漁業については、階層区分（使用する動力漁船の合計トン数）別に３トン未満、３～５トン、５～10トン、10～20トン、20～30トン、30～50トン、50～100トン及び100トン以上の８階層に区分して表章した。

また、小型定置網漁業については、経営体階層別に区分せずに表章した。

(ｲ) 大海区別

漁船漁業、小型定置網漁業については、それぞれ大海区（北海道太平洋北区、太平洋北区、太平洋中区、太平洋南区、北海道日本海北区、日本海北区、日本海西区、東シナ海区及び瀬戸内海区の９地域）別に区分して表章した（各大海区の範囲は14ページを参照）。

(ｳ) 主とする漁業種類別

漁船漁業については、集計経営体が主として営んだ漁業種類により、次のａ～ｓに区分して表章した。

ａ 沖合底びき網
ｂ 小型底びき網
ｃ 船びき網
ｄ 大中型まき網
ｅ 中・小型まき網
ｆ 刺網
ｇ さんま棒受網
ｈ その他の網漁業
ｉ 遠洋・近海まぐろはえ縄
ｊ 沿岸まぐろはえ縄
ｋ その他のはえ縄
ｌ 遠洋・近海かつお一本釣
ｍ 沿岸かつお一本釣
ｎ 遠洋・近海いか釣
ｏ 沿岸いか釣
ｐ ひき縄釣
ｑ その他の釣
ｒ 採貝・採藻
ｓ その他の漁業

イ 海面養殖業

(ｱ) 養殖種類別主産地別

海面養殖業については、主として営んだ養殖種類別主産地別に区分して表章した。

なお、各養殖業の主産地については、次のａ～ｅのとおりとした。

ａ ぶり類養殖業については、四国及び九州の２区分
ｂ まだい養殖業については、東海及び四国の２区分
ｃ ほたてがい養殖業については、北海道及び東北の２区分
ｄ かき類養殖業については、北海道、三陸、東海、瀬戸内及び九州の５区分
ｅ のり類養殖業については、東京湾、東海及び有明海の３区分

(ｲ) 養殖部門別

海面養殖業については、主として営んだ養殖部門について、その経営収支を明らかにするため、経営体の全ての経営収支から、当該養殖部門に関する収支を分離して表章した。

(2) 会社経営体調査

会社経営体の１経営体当たりの平均値を表章した。

ア 経営体階層別

漁船漁業については、経営体階層区分（使用する動力漁船の合計トン数）別に10～20トン未満、20～50トン、50～100トン、100～200トン、200～500トン及び500トン以上（500～1,000トン及び1,000トン以上）の階層に区分して表章した。

また、海面養殖業（ぶり類養殖業及びまだい養殖業）については、経営体階層別に区分せずに表章した。

イ 主とする漁業種類別

漁船漁業については、集計経営体が主として営んだ漁業種類により、次の(ｱ)～(ｾ)に区分して表章した。

(ｱ) 沖合底びき網
(ｲ) 小型底びき網
(ｳ) 船びき網
(ｴ) 大中型まき網
(ｵ) 中・小型まき網
(ｶ) さけ・ます流し網

(ｷ) さんま棒受網
(ｸ) 遠洋・近海まぐろはえ縄
(ｹ) 沿岸まぐろはえ縄
(ｺ) 遠洋・近海かつお一本釣
(ｻ) 沿岸かつお一本釣
(ｼ) 遠洋・近海いか釣
(ｽ) 沿岸いか釣
(ｾ) その他の漁業

14 用語の解説及び約束

（共通）

(1) 使用漁船及び漁業操業状況

ア 使用漁船

所有・借入れに関係なく、調査期間に漁業・養殖業に使用した漁船について計上した。

ただし、代船建造があった場合は、被代船、代船を個別に計上せず１隻のみを計上し、総トン数は代船の値とした。

イ 養殖施設面積

養殖施設が海面を占有している面積（投影面積）をいい、作業船の出入りのために開けている水面（船通し）及び潮の流れをよくするために開けている水面（潮通し）は含まない。

ウ （延べ）出漁日数

漁労作業を目的として出漁した航海の日数をいい、日帰り操業の場合及び夕方出港し翌朝入港の場合は、いずれも１日と数え、１航海が２夜以上にわたる場合は、出航日から入港日までを通算した日数とした。

なお、複数の漁労体で操業している場合は、漁労体ごとの出漁日数を合計した延べ出漁日数となるので、365日を超えることもある。

エ 最盛期の（漁業）従事者数

調査期間に漁業・養殖業の海上作業（養殖業には陸上作業を含む。）に従事した人が最も多かった時期の人数である。

(2) 主とする漁業種類

漁船漁業において経営体が操業した漁業種類のうち、個人経営体調査にあっては13の(1)のアの(ｳ)のａ～ｓの区分、会社経営体調査にあっては13の(2)のイの(ｱ)～(ｾ)の区分で、最も漁労収入（漁労売上高）が多かった漁業種類を主とする漁業種類とした。

(3) 漁労体

漁労体とは、漁業種類別の操業単位である。

ア 単船操業（漁船１隻で行う漁業）の場合は、その漁船１隻を漁労体とした。

ただし、例えばＡ丸という漁船が沿岸いか釣と沿岸まぐろはえ縄の２つの漁業を操業している場合は、沿岸いか釣と沿岸まぐろはえ縄のそれぞれについてＡ丸を漁労体とするため、漁労体は２つになる。

イ 複数船による操業（船団を組んで行う漁業）の場合は、それら複数船の集合体を漁労体とした。

（個人経営体調査）

(1) 概要及び分析指標

ア 経営主の平均年齢

自営漁業の漁獲及び収獲作業の決定を行う等、常時、漁業・養殖業経営における管理運営の中心となっている人の年齢である。

イ　家族員数

経営主と同居し、生計を共にしている人数である。

生計を共にしていれば、家族以外の同居人も含む。

ウ　事業所得

事業所得＝漁労所得＋漁労外事業所得

エ　漁労所得

漁労所得＝漁労収入－漁労支出

オ　漁労外事業所得

漁労外事業所得＝漁労外事業収入－漁労外事業支出

カ　漁労所得率

$$\text{漁労所得率}=\frac{\text{漁労所得}}{\text{漁労収入}}\times 100$$

キ　付加価値額（純生産）

付加価値額（純生産）＝漁労収入－物的経費

ク　付加価値率

$$\text{付加価値率}=\frac{\text{付加価値額（純生産）}}{\text{漁労収入}}\times 100$$

ケ　物的経費

$$\text{物的経費}=\text{漁船・漁具費}+\text{油費}+\text{えさ代}+\text{種苗代}+\text{修繕費}+\text{販売手数料}+\text{租税公課諸負担費}+\text{減価償却費}+\left(\text{その他の漁労支出}\times\frac{1}{3}\right)$$

なお、その他の漁労支出には、物的経費に計上すべき費用を含むが、その把握ができないため、個人経営体調査では、便宜的に３分の１をもって物的経費とした。

コ　純生産性

$$\text{純生産性}=\frac{\text{漁労収入}-\text{物的経費}}{\text{最盛期の漁業従事者数}}$$

サ　漁業固定資本装備率

$$\text{漁業固定資本装備率}=\frac{\text{漁業投下固定資本}}{\text{最盛期の漁業従事者数}}$$

シ　家族漁業労働１時間当たり漁労所得

$$\text{家族漁業労働１時間当たり漁労所得}=\frac{\text{漁労所得}}{\text{家族延べ労働時間}}$$

ス　漁業固定資本千円当たり漁労所得

$$\text{漁業固定資本千円当たり漁労所得}=\frac{\text{漁労所得}}{\text{漁業投下固定資本}}\times 1,000$$

セ　漁業労働１時間当たり付加価値額

$$\text{漁業労働１時間当たり付加価値額}=\frac{\text{漁労収入}-\text{物的経費}}{\text{延べ労働時間}}$$

ソ　漁業固定資本千円当たり付加価値額

$$\text{漁業固定資本千円当たり付加価値額}=\frac{\text{漁労収入}-\text{物的経費}}{\text{漁業投下固定資本}}\times 1,000$$

(2)　使用漁船及び漁業操業状況

ア　延べ労働時間

海上又は陸上作業に従事した労働時間の合計である。

イ　漁獲量

漁労作業によって得られた全ての水産動植物の数量を計上した。計上の対象は、販売、自家用（加工及び食用）としたもののほか、労賃の現物支払いや物々交換、贈与したものを含み、廃棄したものは除いた。

ウ　収獲量

海面養殖業によって得られた生産物の数量を計上した。

計上の対象としたものは上記イの漁獲量の場合と同じである。

(3)　財産

ア　流動資産

預貯金、諸掛金、有価証券、貸付金、売掛金（未収入金）を計上した。

イ　固定資産

漁業・養殖業及びその他の事業に使用するために所有する固定資産の現在高を計上した。

ウ　土地

経営体の所有する宅地、農地、山林など全ての土地の現在高を計上した。

(ｱ)　期首：　期首現在所有している土地の課税標準額である。

(ｲ)　期末：　調査期間に異動がない場合は、期首現在高と同額とし、調査期間に異動があった場合は、その増減額を期首現在高に加減した額を期末現在高として計上した。

エ　建物・構築物

経営体の所有する住家、納屋、浜小屋、船小屋など全ての建物・構築物の現在高を計上した。

なお、資産の異動（購入、売却等）後の期末現在高は、次式により算出した。

期末現在高＝期首現在高＋増加額（購入等）－減少額（売却等）－減価償却額

注：次のオ～ケの資産についても、建物・構築物と同様である。

オ　船舶

船体及び主機関、補機関等の機関本体並びに発電器、電動機、漁船冷凍装置等の機器などの現在高を計上した。

カ　漁網・はえ縄

漁網・はえ縄（網地、ロープ、附属品等）の現在高を計上した。

キ　養殖施設

養殖施設の現在高を計上した。

ク　漁業権

漁業権、入漁権、出漁権、とも（相互）補償金（減船負担金）の現在高を計上した。

ケ　その他

漁業・養殖業に使用する自動車等のその他の資産及び水産加工業などの事業に使用する資産の現在高を計上した。

コ　借入金

財政資金、漁協、銀行などからの借入金の現在高を計上した。

サ　その他

借受金、引当金などの借入金以外の現在高を計上した。

(4)　漁業投下資本

ア　漁業投下資本

漁業経営を漁家経済から分離した独立の企業単位として把握し、漁業経営のために投下された固定資本額と流動資本額である。

イ　漁業投下固定資本

固定資産である土地、建物・構築物、船舶、漁網・はえ縄等の年始めの現在価に、それぞれの漁業・養殖業への使用割合を乗じたものである。

(5)　収入

ア　事業収入

事業収入＝漁労収入＋漁労外事業収入

イ　漁労収入

漁労収入＝漁業生産物収入＋養殖業生産物収入＋補助・補償金（漁業）

ウ　漁業生産物収入

自家漁業による漁獲物（魚類、貝類、その他の水産動物類及び海藻類）を販売（直売所での販売又は自家販売による収入を含む。）して得た現金及び現物仕向けの評価額である。

なお、現物仕向けの評価は、調査地における市場卸売価格による。

注：　現物仕向けとは、雇用者への現物支給及び船内の食料費、賃借料・諸権利料の現物支払い、他家への贈与、物々交換、自家での消費、自家の水産加工業への仕向け、自家の養殖業への仕向け等をいう。

エ　養殖業生産物収入

自家養殖業による収獲物を販売（直売所での販売又は自家販売による収入を含む。）して得た現金及び現物仕向けの評価額である。

オ　漁労外事業収入

調査期間に漁業経営以外に経営体が兼営する水産加工業、遊漁船業、民宿及び農業等の事業によって得られた収入のほか、漁業用生産手段の一時的賃貸料のような漁業経営にとって付随的な収入も含む。

なお、その他（漁業に関わるを除く。）の補助・補償金を含む。

カ　補助・補償金

自営業に関わる保険金の受取金、漁業災害補償法（昭和39年法律第158号）及び農業保険法（昭和22年法律第185号）により支払われた共済金受取金、各種の損害補償金、補助・助成金等である。

(6)　支出

ア　事業支出

事業支出＝漁労支出＋漁労外事業支出

イ　漁労支出

調査期間の自家漁業による漁獲、養殖業生産物の育成、収獲、販売等に要した費用及び当年に負担すべき固定資産の減価償却費の合計である。

ウ　期首期末棚卸増減

調査期間における漁獲物、養殖業生産物、仕掛品、原材料等（未処分漁業・養殖業生産物、育成中の養殖業生産物、漁業・養殖用資材）の棚卸高の増減額で、期首の棚卸高の合計から期末の棚卸高の合計を控除したものである。

エ　雇用労賃

自家漁業・養殖業のために雇った雇用者に支払う全ての現金・現物労賃を計上した。

オ　漁船・漁具費

船具、機関備品、電気器具・冷凍装置の備品、漁船の補修・修理のための諸材料・部品費、網具・釣なわ具、一般的に漁具とよばれているものの購入代及び漁具の補修・修理のための諸材料、部品費を計上した。

カ　油費

重油、軽油、灯油、潤滑油などの全ての油費を計上した。

キ　えさ代

漁獲に要するえさ代及びいけす等で育成中の水産動物に与えるえさ代を計上した。

ク　種苗代

養殖業の種苗購入代を計上した。

ケ　修繕費

漁船の船体、機関、電気・電子機器、冷凍装置、漁労装置を造船所やメーカー等に委託し補修・修理した費用や、漁網、漁具をメーカー等に委託し補修・修理した費用を計上した。

コ　販売手数料

生産物を販売するため集荷販売業者に支払った手数料を計上した。

サ　負債利子

借入金の支払利子一切、手形割引料、掛買購入品の延滞利子等のうち、漁業・養殖業負担分を計上した。

シ　租税公課諸負担

租税公課諸負担のうち、漁業経営を維持・継続していくために支払われた額を計上した。

ス　その他

ア～シの科目に含まれない漁労支出を計上した。

セ　減価償却費

固定資産のうち償却資産については、税務申告関係帳簿類等を用いて調査票に記入する方法により調査を行っている集計経営体については、その集計経営体が用いている償却方法とした。

ソ　漁労外事業支出

調査期間に漁業経営以外に経営体が兼営する水産加工業、遊漁船業、民宿、農業等の事業に要した費用を計上した。

（会社経営体調査）

(1)　概要及び分析指標

ア　会社経営体調査の諸利益計算

(ｱ)　漁労売上総利益

漁労売上総利益＝漁労売上高－漁労売上原価

(ｲ)　漁労外売上総利益

漁労外売上総利益＝漁労外売上高－漁労外売上原価

(ｳ)　売上総利益

売上総利益＝漁労売上総利益＋漁労外売上総利益

(ｴ)　漁労利益

漁労利益＝漁労売上高－（漁労売上原価＋漁労販売費及び一般管理費）

(ｵ)　漁労外利益

漁労外利益＝漁労外売上高－（漁労外売上原価＋漁労外販売費及び一般管理費）

(ｶ)　営業利益

営業利益＝漁労利益＋漁労外利益

(ｷ)　経常利益

経常利益＝営業利益＋営業外収益－営業外費用

(ク) 税引前当期純利益

税引前当期純利益＝経常利益＋特別利益－特別損失

(ケ) 当期純利益

当期純利益＝税引前当期純利益－法人税、住民税及び事業税

イ 総資本利益率

$$\text{総資本利益率} = \frac{\text{当期純利益}}{\text{負債・純資産合計}^{1)}}$$

ウ 漁業投下資本利益率

$$\text{漁業投下資本利益率} = \frac{\text{漁労利益}}{\text{漁業投下資本額}} \times 100$$

エ 自己資本利益率

$$\text{自己資本利益率} = \frac{\text{当期純利益}}{\text{（株主資本合計＋評価・換算差額等）}^{1)}} \times 100$$

オ 総資本回転率

$$\text{総資本回転率} = \frac{\text{売上高合計}}{\text{負債・純資産合計}^{1)}}$$

カ 自己資本回転率

$$\text{自己資本回転率} = \frac{\text{売上高合計}}{\text{（株主資本合計＋評価・換算差額等）}^{1)}}$$

キ 売上総利益率

$$\text{売上総利益率} = \frac{\text{漁労売上総利益}}{\text{漁労売上高}} \times 100$$

ク 売上利益率

$$\text{売上利益率} = \frac{\text{漁労利益}}{\text{漁労売上高}} \times 100$$

ケ 付加価値生産性

$$\text{付加価値生産性} = \frac{\text{漁労売上高－物的経費}}{\text{最盛期の従事者数}}$$

なお、物的経費の計算式は次のとおりである。

$$\text{物的経費} = \text{漁船・漁具費＋油費＋えさ代＋種苗代＋修繕費＋（租税公課} \times \frac{1}{4}\text{）} + \text{（その他の材料費及び経費} \times \frac{1}{3}\text{）} + \text{（その他の漁労販売費及び一般管理費} \times \frac{1}{3}\text{）＋減価償却費}$$

会社経営体調査では、便宜的に租税公課の４分の１、その他の材料費及び経費とその他の漁労販売費及び一般管理費の３分の１を物的経費とした。

コ 資本装備率

$$\text{資本装備率} = \frac{\text{漁業投下固定資本}}{\text{最盛期の従事者数}}$$

サ 労賃率

$$\text{労賃率} = \frac{\text{労務費}}{\text{漁労売上高}} \times 100$$

シ 労働１人当たり労賃

$$\text{労働１人当たり労賃} = \frac{\text{労務費}}{\text{最盛期の従事者数}}$$

ス　固定比率

$$\text{固定比率}=\frac{\text{固定資産合計}^{2)}}{\text{（株主資本合計＋評価・換算差額等）}^{2)}}\times 100$$

セ　流動比率

$$\text{流動比率}=\frac{\text{流動資産}^{2)}}{\text{流動負債合計}^{2)}}\times 100$$

ソ　自己資本比率

$$\text{自己資本比率}=\frac{\text{（株主資本合計＋評価・換算差額等）}^{2)}}{\text{負債・純資産合計}^{2)}}\times 100$$

タ　固定長期適合比率

$$\text{固定長期適合比率}=\frac{\text{固定資産合計}^{2)}}{\text{固定負債合計}^{2)}+\text{（株主資本合計＋評価・換算差額等）}^{2)}}\times 100$$

チ　漁業投下流動資本

$$\text{漁業投下流動資本}=\{\text{（漁労売上原価＋漁労販売費及び一般管理費）}-\text{減価償却費}\}\times\frac{1}{2}$$

なお、本調査では、流動資本の平均的な回転期間を半年と見なし、２分の１をもって、漁業投下流動資本とした。

注：1)は期首期末平均値、2)は期首値をそれぞれ用いた。

(2)　漁獲量及び漁労売上高

次のア～エに該当する漁獲物及び収獲物の数量の合計を漁獲量とし、アの金額とウ及びエの数量を産地卸売価格で評価した金額との合計を漁労売上高とした。

ア　水揚機関に販売したもの

イ　自社（自家）加工に仕向けたもの

ウ　乗組員に現物支給したもの及び船内で食料として消費したもの

エ　自社（自家）で食料として消費したもの及び他社（家）等に贈答したもの

(3)　財産勘定及び損益勘定

調査における財産勘定及び損益勘定の取りまとめに係る科目分類とその内容については、16の調査科目及び内容例示（会社経営体調査）のとおりである。

15　東日本大震災の影響への対応

2013年漁業センサス結果に福島県の個人経営体は含まれていないため、個人経営体調査については福島県を含まない。

大海区区分図

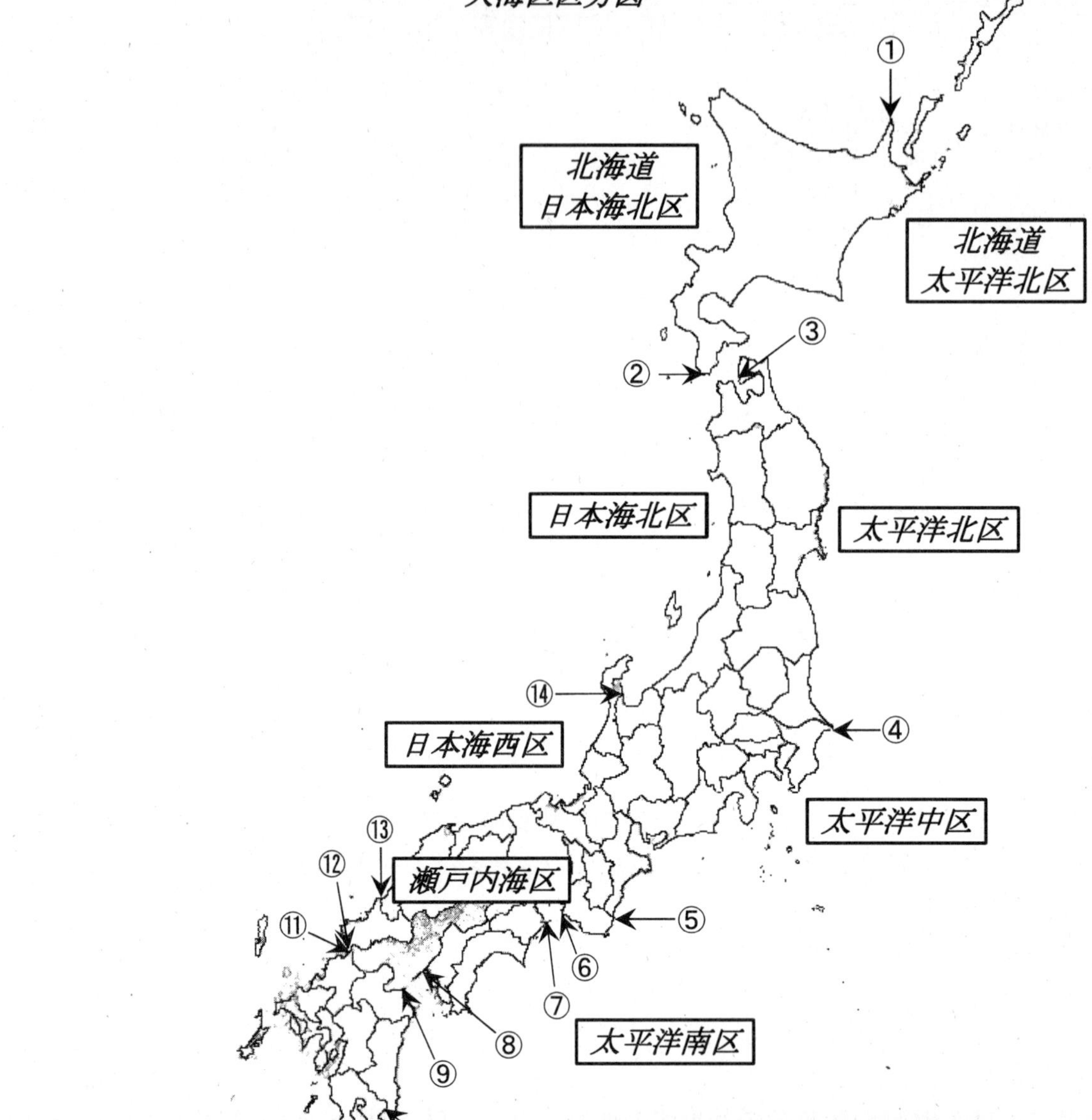

① 北海道斜里郡斜里町と目梨郡羅臼町の境界
② 北海道松前郡松前町と福島町の境界
③ 青森県下北郡佐井村とむつ市の境界
④ 千葉県と茨城県の境界
⑤ 和歌山県と三重県の境界
⑥ 和歌山県日高郡美浜町と日高町の境界
⑦ 徳島県海部郡美波町と阿南市の境界
⑧ 愛媛県八幡浜市八幡浜漁業地区と川之石漁業地区の境界
⑨ 大分県大分市佐賀関漁業地区と神崎漁業地区の境界
⑩ 鹿児島県と宮崎県の境界
⑪ 福岡県北九州市旧門司漁業地区と田野浦漁業地区の境界
⑫ 山口県下関市下関漁業地区と壇ノ浦漁業地区の境界
⑬ 山口県と島根県の境界
⑭ 石川県と富山県の境界

注：市町村については、平成30年1月1日現在である。

北海道太平洋北区	：①・②間に属する市区町村（太平洋側）
太平洋北区	：③・④間に属する市区町村
太平洋中区	：④・⑤間に属する市区町村
太平洋南区	：⑤・⑥間、⑦・⑧間及び⑨・⑩間に属する市区町村（太平洋側）
北海道日本海北区	：①・②間に属する市区町村（日本海側）
日本海北区	：③・⑭間に属する市区町村
日本海西区	：⑬・⑭間に属する市区町村
東シナ海区	：⑩・⑪間及び⑫・⑬間に属する市区町村（東シナ海側）並びに沖縄県
瀬戸内海区	：⑥・⑫間、⑦・⑧間及び⑨・⑪間に属する市区町村（瀬戸内海側）

16　調査科目及び内容例示（会社経営体調査）

調　査　科　目	内　　　容　　　例　　　示	財務諸表規則の科目例
［財産勘定］ （資　　　産） Ⅰ　流動資産		（資　産　の　部） 流動資産
	（貨幣及び貨幣代用物） 現金、小切手、郵便為替証書等	現金及び預金
	（市場性のある一時的に所有する有価証券） 国債・地方債等の公債、金融債、政府保証債、特別法人債、社債、株式、新株引受証書、出資証券、投資信託受益証券、貸付信託受益証券等	有価証券
	（預貯金） 普通預金・当座預金・定期預金・定期積金・納税準備預金等の預貯金 満期保険（漁船損害補償法に基づく漁船保険、生命保険、簡易保険、火災保険等）の掛金、漁業収入安定対策事業の「積立ぷらす」及び漁業経営セーフティネット構築事業（「漁業用燃油価格安定対策事業」及び「養殖用配合飼料価格安定対策事業」）に係る積立金等	現金及び預金
	（貸付期間が１年以内の貸付金） 関係会社・個人への貸付金、役員従業員短期貸付金、手形貸付金等	短期貸付金、 株主・役員又は従業員に対する短期債権
	（現金・小切手等による金銭の支出を行ったが相手勘定又は金額が未確定のもの） 漁業用資材等の費用の仮払金（内払金、概算払金）等	
	（売掛金） 水揚げの未収入金、売掛金、受取手形（手形貸付金、受取融通手形・金融手形（注：手形貸付金、融通手形の別称を除く。）等	売掛金、受取手形
	（前記以外の当座資産） 未収入（未収入金）、未収消費税、立替金、受取融通（金融）手形等	未収入金
	（陸上及び入港中の船内にある棚卸品） 食料・燃料・電気消耗品・機関消耗品・甲板消耗品・事務用消耗品等の在庫 有形固定資産に該当しない漁具・船具等の在庫 未処分漁業生産物在庫評価額、育成中の養殖業生産物の評価額等	商品、製品、 半製品、原材料、 仕掛品、貯蔵品

16　調査科目及び内容例示（会社経営体調査）（続き）

調査科目	内容例示	財務諸表規則の科目例
Ⅰ 流動資産 （続き）	**（一定の契約に従い、継続した役務の提供を受け、いまだ提供されていない役務に対し支払われた対価で、１年以内に次期の費用となるもの）** 前払い労賃、前払（未経過）保険料、前払（未経過）割引料、前払い（未経過支払）利息、前払賃借料、仕込金（大仲勘定前払）等	前払費用
	（その他前記以外の流動資産） 前渡金、未収収益等	前渡金、未収収益
Ⅱ 固定資産		固定資産
1 有形固定資産		有形固定資産
(1) 土地	**（事業用の土地）** 事務所・倉庫・作業（加工）場等の敷地、田、畑、山林、宅地等（営業目的以外の土地は「投資その他の資産」に計上する。）	土地
(2) 建物・構築物	事務所・倉庫・作業（加工）場・漁舎・浜小屋・住宅等の建物、構築物（岸壁・桟橋・煙突等土地に定着する土木設備又は工作物）等	建物、構築物
(3) 船舶	漁船船体、漁船機関、電気（子）機器、冷凍装置、漁労装置、常時搭載する工具・器具・備品等	船舶
(4) 漁網・はえ縄	固定資産に該当する漁網・はえ縄（流動資産に該当する漁網・はえ縄の在庫品は除く。）	（漁具）
(5) その他	**（上記(1)～(4)以外の漁業に用いる有形固定資産）** 漁業用の車輌・運搬具、揚船施設、染網用施設、養殖施設、養殖用機具等	
	（漁業以外の事業に用いる有形固定資産） 水産加工・その他の事業用の機械及び装置、車輌・運搬具、工具、器具、備品、山林及び植林（付属土地を除く。）等	機械及び装置、 車輌及びその他陸上運搬具、 工具、器具、備品
	（建設仮勘定） 建造・建設途中の漁船・建物等の固定資産への支出 （注）充当した資材・機械・装置への支出、建設用地費、建造建設のための手付金・前渡金を含む。	建設仮勘定
2 無形固定資産		無形固定資産
(1) 漁業権	**（有償で取得した漁業の権利・許可等）** 漁業権、入漁権、出漁権、とも（相互）補償金（減船負担金）等	漁業権（入漁権を含む。）

調査科目	内容例示	財務諸表規則の科目例
(2) その他	**（(1)以外の無形固定資産）** 営業権、特許権、借地権、商標権、電話加入権等	営業権、特許権、借地権、商標権、実用新案権、意匠権、鉱業権
3　投資その他の資産	**（長期の外部投資）** 長期保有目的の有価証券、関係会社の株式・社債、漁協・県漁連、県信漁連、業種別組合等への出資金、関係会社出資金、長期貸付金、役員・従業員長期貸付金、投資不動産（営業目的以外の土地、建物等）、長期差し入れ保証金（敷金（権利金を含む。））等	投資その他の資産 投資有価証券、 関係会社株式、 関係会社社債、 出資金、 関係会社出資金、 長期貸付金、 株主・役員又は従業員に対する長期貸付金、 関係会社長期貸付金、 破産債権・更生債権その他これらに準ずる債権、 投資不動産
	（前払費用のうち、１年を経過して翌年以降の費用となるもの） 長期前払費用（期限が１年を越える前払保険料、前払賃借料等）	長期前払費用
Ⅲ 繰延資産	創立費、開業費、開発費、公共施設等負担金、繰延臨時損失等	繰延資産 創立費、開業費、 株式交付費、 社債発行費、 開発費

16　調査科目及び内容例示（会社経営体調査）（続き）

調 査 科 目	内 容 例 示	財務諸表規則の科目例
（負債・純資産）		
Ⅰ 負　　債		（負 債 の 部）
1 流 動 負 債		流動負債
(1) 短期借入金	返済期限が１年以内の通常の借入金（手形借入金（金融手形の別称あり）を含む。）	短期借入金
(2) そ の 他	**（通常の取引に基づいて発生した営業上の未払金、手形債務）** 資材・役務の購入（受入）に基づいて発生した買掛金（買掛未払金）、支払手形（支払融通手形を除く。）等	買掛金、支払手形
	（取引の種類・内容、取引額、受入目的が不明（詳）である場合の金銭等の受入れ） 仮受金	仮受金
	（商品、製品、受注工事等の対価の前受代金） 漁獲物の前受金、水産加工品の前受金等	前受金
	（相手からいったん受入れた金銭等で１年以内に返還される債務） 預り保証金、役員・従業員所得（住民）税預り金、役員・従業員社会保険料預り金（船員保険料預り金を含む。）、役員・従業員預り金等	預り金
	（引当金） 貸倒引当金、債権償却特別勘定、賞与引当金、納税引当金・納税充当金、修繕引当金等	引当金
	（その他の流動負債） 未払金、未払税金、未払法人税等・法人税等未払金、未払消費税、未払費用（未払賃金（給料）、未払利子、未払賃借料等）、前受収益（前受賃貸料、前受利息、前受手数料等）、営業外支払手形（設備の建設、固定資産・有価証券等の購入に伴うもの）、支払融通手形（金融手形の別称あり）等	未払金、未払費用、前受収益

調　査　科　目	内　　容　　例　　示	財務諸表規則の科目例
2　固　定　負　債		固定負債
(1)　長期借入金	**（返済期限が１年以上の借入金）** **（政府、地方公共団体の公的な資金の借入金）** 漁業資金（農林漁業構造改善事業推進資金、漁船資金、漁業経営再建整備資金、漁業基盤整備資金、農林漁業施設資金、沿岸漁業経営安定資金等） 農林業資金、その他の財政資金等	長期借入金
	（低利の漁協系統資金借入金） 天災資金、漁業近代化資金、漁業構造再編整備資金、国際規制経営安定資金、漁業経営維持安定資金、漁業経営強化特別資金、漁業経営改善促進資金等	長期借入金
	（前記財政資金及び漁協系統資金を除く長期借入金） 漁協からの長期借入金（前記の低利の漁協系統資金を除く。） 農業協同組合、信用金庫、都市銀行、地方銀行、第二地方銀行、信託銀行、長期信用銀行、その他の金融機関からの長期借入金（手形借入金（金融手形の別称あり）を含む。） 関係会社からの長期借入金、株主・役員又は従業員からの長期借入金	長期借入金 関係会社長期借入金、株主・役員又は従業員からの長期借入金
(2)　そ　の　他	**（引当金のうち、流動負債に属する引当金を除く引当金）** 退職給与引当金、特別修繕引当金	引当金
	（前記(1)長期借入金及び引当金以外の固定負債） 社債、転換社債、長期未払金等	社債、転換社債、長期未払金

16　調査科目及び内容例示（会社経営体調査）（続き）

調査科目	内容例示	財務諸表規則の科目例
Ⅱ 純資産		（純資産の部）
1 株主資本		株主資本
(1) 資本金	資本金、新株式払込金	資本金
(2) 資本剰余金	資本準備金（株式払込剰余金、株式交換剰余金、株式移転剰余金、新設分割剰余金、吸収分割剰余金、合併差益等） 自己株式処分差益、自己株式処分差損、資本準備金減少額、減資差益等	資本剰余金 資本準備金、 その他資本剰余金
(3) 利益剰余金	利益準備金 任意積立金（退職給付積立金、不漁対策準備金、別途（特別）積立金、中間配当積立金等） 繰越利益剰余金等	利益剰余金 利益準備金、 その他利益剰余金
(4) その他	新株式申込証拠金、自己株式、自己株式申込証拠金	新株式申込証拠金 自己株式 自己株式申込証拠金
2 評価・換算差額等	その他有価証券評価差額金、繰越ヘッジ損益、土地再評価差額金等	評価・換算差額等 その他有価証券評価差額金、 繰越ヘッジ損益、 土地再評価差額金
3 新株予約権	新株予約権	新株予約権 新株予約権

調　査　科　目	内　　　容　　　例　　　示	財務諸表規則の科目例
［損 益 勘 定］		（注）かっこ内の名称は一般に漁業で用いる勘定科目である。
Ⅰ 売　上　高		売上高
1　漁労売上高	漁獲物の販売金額（仕切（精算）書の水揚高） （注）乗組員等の労賃部分としての現物支給及び船内の食料消費に充てた漁獲物の評価額（水揚時点の産地卸売市場価格）を含む。	売上高（漁労売上高）
2　漁労外売上高 （付表　会社経営体調査票の「5　損益（損益計算書）－売上高－その他」も同じ。）	**（水産加工業収入）** 水産加工品（素干、煮干、塩干、魚油、節類等）の販売収入、水産加工工程で生じた副産物の販売収入、水産加工用生産手段の賃貸料、水産加工用資材の転売収入等 （注）水産加工業の規定は、加工施設を持ち、販売を目的として製品をつくっているものをいう。	売上高（加工品売上高）
	（漁業及び水産加工業以外の事業収入） 製氷売上高、保管及び凍結収入、商工業収入 受取地代家賃・その他固定資産（漁業・水産加工業を除く。）の賃貸料収入、倉庫料収入（主たる営業活動の場合。） 遊戯場経営収入、民宿経営収入等 （注）その事業部門が法的に別会社等になっている場合は、この調査から除外する。	売上高（製氷売上・保管及び凍結収入高） 営業外収入の投資不動産賃貸料
	（その他の収入） 漁船、漁網等の漁業用生産手段を貸与して得た賃貸料、漁獲物の内蔵、ひれ等の副産物販売収入、販売手数料の歩戻金（販売奨励金・報奨金）、漁獲共済の受取金、漁業経営安定対策事業（積立ぷらす）の払戻金のうち国庫補てん分及び返戻された積立手数料、漁業経営セーフティーネット構築事業（漁業用燃油価格安定対策事業及び養殖用配合飼料価格安定対策事業）の補てん金のうち国庫補助額、漁業に付随する受取手数料、漁業用資材の転売収入等	売上高（副産物売上高）

16　調査科目及び内容例示（会社経営体調査）（続き）

調査科目	内容例示	財務諸表規則の科目例
Ⅱ 売上原価		売上原価
1 漁労売上原価		売上原価（漁労売上原価）
(1) 期首棚卸高	期首における漁獲物、養殖業生産物、仕掛品、原材料等の棚卸高	
(2) 製品製造原価		
ア 労務費	**（乗組員に支払った賃金等）** 漁船員給料（賃金）、航海手当、歩合給、賞与、生産奨励金、現物支給等 （注）現物支給（上陸の際等の漁獲物の支給）はその時点の産地卸売市場価格で評価する。 **（航海中に乗組員に支給した食料費）** 食事代（賄費）等 **（乗組員のための福利厚生の費用）** 法定福利費（船員保険、雇用保険、健康保険、厚生年金保険等の保険料の事業主負担分）、宿舎費、慰安旅行費等 **（前記以外の雇用労賃に該当する費用）** 乗組員の退職金（又は退職給与引当金繰入額）、賞与引当金繰入額等	
イ 材料費及び経費		
(ア) 漁船・漁具費	帆布・櫓・錨・漁船用シート・たわし等の船具、油さし・油ふき・機関修理道具等の機関備品、電気器具・冷凍装置の備品及び漁船の補修・修理のための釘・かすがい・針金・材木・ペンキ等の諸材料・部品費 **（一般に漁具と呼ばれるものの購入費）** 漁網・浮子・沈子・はえ縄等の支出	
(イ) 油費	**（漁船に使用した一切の油代）** 重油・軽油・灯油・潤滑油等の油代 （注）漁業生産以外の目的で漁船を使用した場合の油代はここに含めないで、その他の事業の該当する勘定科目に計上する。	
(ウ) えさ代	**（漁獲、養殖用のえさ代）** 漁獲に要するえさ代、いけす等で蓄養中の水産物に与えるえさ代、養殖用えさ代（成長促進のための薬剤も含む。）	
(エ) 種苗代	真珠母貝、魚類養殖等の種苗代 （注）真珠母貝養殖のための種苗・稚貝代はここに含める。	

調査科目	内容例示	財務諸表規則の科目例
(ｵ) 修繕費	漁船の船体（上架費を含む。）、機関、電気電子機器、冷凍装置、漁労装置や漁網、漁具等の修理費及び修繕引当金繰入額、特別修繕引当金繰入額等	
(ｶ) 租税公課	**（租税、公課諸負担の漁業負担額）** 国税、都道府県税、市町村税等の租税の漁業負担額 市町村等寄附金、漁業協同組合費、諸負担金、保険金等の公課諸負担の漁業負担額	
(ｷ) 減価償却費	漁業用固定資産の減価償却費、建物・車両運搬具・器具・備品等の固定資産の減価償却費の漁業負担額 （注）減価償却費は収入割合で按分して漁業負担額を計上する。	
(ｸ) その他	上記(ｱ)～(ｷ)以外の経費 **（魚箱・氷代）** 漁獲物の運搬・選別・出荷・販売に要する容器代、漁獲物の鮮度保持のための氷代 **（漁船・漁具費等に分類できない材料費）** かっぱ・ゴム長靴・手袋等の漁業用の衣服、履物、身の周りの品の支出、漁業用電球代、水道光熱費（水道料、電力料、ガス代、自動車用油費）等 陸上施設（漁舎、浜小屋、揚船施設、染網用施設等）・養殖施設に係わる材料費、備品費、補修・修理費等 便宜上、建物（事務所・倉庫・作業所・住宅）構築物（岸壁・桟橋等）の補修・修理費を含む。 **（賃借料及び料金）** 漁船のチャーター料、漁獲物の水揚料・選別料・運搬料・保管料（倉敷料）、漁業許可等借料、漁場使用料、種苗種付使用料等	
(3) 期末棚卸高	期末における漁獲物、養殖業生産物、仕掛品、原材料等の棚卸高	
2 漁労外売上原価 （付表　会社経営体調査票の「5　損益（損益計算書）－売上原価－その他」も同じ。）	**（水産加工に要した一切の原価）** 水産加工を行うための購入原料代、自給原料代（産地市場価格で評価）、雇用労賃、補助原材料費、施設備品費、消耗品費、減価償却費等 **（漁業、水産加工業以外の事業に要した一切の原価）** この費用には、その他の事業に関する固定資産の減価償却費を含む。	売上原価（加工売上原価） 売上原価（その他の事業売上原価）

16　調査科目及び内容例示（会社経営体調査）（続き）

調査科目	内容例示	財務諸表規則の科目例
Ⅲ　販売費及び一般管理費		営業費（販売費及び一般管理費）
1　漁労販売費及び一般管理費		
(1)　給料手当・役員報酬	役員報酬、事務職員給与・手当、事務職員福利厚生費（健康保険・厚生年金保険・失業保険・労災保険等の保険料の事業主負担分、宿舎費、慰安旅行費等）等	
(2)　販売手数料	**（生産物の販売のために支払った手数料）** 魚市場の卸売業者に支払った卸売手数料（水揚口銭）、漁業協同組合・その他の水産物販売業者への支払手数料	
(3)　租税公課	管理部門に属する固定資産税、自動車税、その他の負担金等	
(4)　減価償却費	管理部門で使用する固定資産の減価償却費	
(5)　その他	不動産賃借料、支払地代家賃、登記登録料等、その他上記(1)～(4)以外の漁労販売費及び一般管理費	
2　漁労外販売費及び一般管理費 （付表　会社経営体調査票の「5　損益（損益計算書）－販売費及び一般管理費－その他」も同じ。）	**（水産加工に要した一切の営業費）** 販売手数料、減価償却費、租税公課等 **（漁業、水産加工業以外の事業に要した一切の営業費）** この費用には、その他の事業に関する固定資産の減価償却費を含む。	

調査科目	内容例示	財務諸表規則の科目例
Ⅳ　営業外収益	**（地代・配当・利子収入）** 受取地代家賃（一時的なもの）、投資不動産賃貸料、預貯金（積立金）利息、貸付金利息、有価証券利息（国債、公債、金融債、社債等の利息）、受取割引料、合同運用の信託・公社債投資信託の収益金の分配、株式・出資金の配当金（税引額）、みなし配当金等	営業外収益 受取利息、 有価証券利息、 受取配当金
	（補助金・補償金収入） 政府・公共団体等から交付される各種補助金、助成金、共済金、損害補償金等 ただし、漁業に関わる補助金・補償金は、売上高のその他に計上し、ここには含まない。	
	（前記以外の営業外収益） 有価証券売却益、仕入割引、保険料（共済掛金）戻入、石油等の資材販売業者からの割戻（奨励金、リベート）、税金の還付金、各種祝金、雑収入等	有価証券売却益、 仕入割引
Ⅴ　営業外費用		営業外費用
1　支払利息及び割引料	借入金の支払利息一切、手形売却損（支払割引料）、掛買購入品の延滞利子等 負債利子のうち、漁業に関する負債利子 負債利子のうち、漁業以外の負債利子	支払利息、 手形売却損
2　その他	寄付金、創立費償却、開業費償却、開発費償却、試験研究費償却、有価証券評価損、有価証券売却損、売上割引、雑支出等上記１以外の営業外費用	社債利息、 社債発行費償却、 有価証券売却損、 売上割引
Ⅵ　特別利益	固定資産売却益、前期損益修正益、貸倒引当金戻入益（繰戻額）、その他引当金戻入益（繰戻額）、保険差益等	特別利益 前期損益修正益 固定資産売却益
Ⅶ　特別損失	臨時損失、前期損益修正損、臨時償却費、固定資産売却・除去損、火災損失、固定資産臨時償却費等	特別損失 前期損益修正損 固定資産売却損 災害による損失
Ⅷ　法人税、住民税及び事業税	法人税、法人税追徴額、法人税等調整額、住民税（道府県民税、市町村民税）、住民税追徴額等、事業税等	法人税、住民税及び事業税 法人税等調整額

17　利用上の注意

(1)　統計表に使用した記号は、次のとおりである。

「０」、「0.0」：　単位に満たないもの（例：0.4千円→０千円）

「－」　　　　：　事実のないもの

「ｘ」　　　　：　個人又は法人その他の団体に関する秘密を保護するため、統計数値を公表しないもの

「△」　　　　：　負数又は減少したもの

「nc」　　　　：　計算不能

(2)　秘匿措置について

統計調査結果について、調査対象経営体が２以下の場合には、個人又は法人その他の団体に関する調査結果の秘密保護の観点から、当該結果を「ｘ」表示とする秘匿措置を施している。

(3)　この統計表に掲載された数値を他に転載する場合は「漁業経営調査報告」（農林水産省）による旨を記載してください。

(4)　本統計の累年データについては、農林水産省ホームページ中の統計情報に掲載している分野別分類「水産業」の「漁業経営調査」で御覧いただけます。

なお、公表した数値の正誤情報は、ホームページでお知らせします。

【https://www.maff.go.jp/j/tokei/kouhyou/gyokei/index.html#r】

18　お問合せ先

農林水産省　大臣官房統計部

経営・構造統計課　林業・漁業経営統計班

電　話（代表）03-3502-8111　内線3637

（直通）03-3502-0954

（ＦＡＸ）03-5511-8772

※　本調査に関する御意見・御要望は、上記問合せ先のほか、農林水産省ホームページでも受け付けております。

【https://www.contactus.maff.go.jp/j/form/tokei/kikaku/160815.html】

I　調査結果の概要

1　個人経営体（漁船漁業）

１経営体当たり漁労収入は840万円で、漁獲量は増加したものの、価格の低下により、前年に比べて3.7％減少した。

また、漁労支出は591万円で、油費、漁船・漁具費等の増加により、前年に比べて2.8％増加した。

この結果、漁労収入から漁労支出を差し引いた漁労所得は249万円となり、前年に比べて16.3％減少した。

図１　個人経営体（漁船漁業）の漁労支出の構成割合

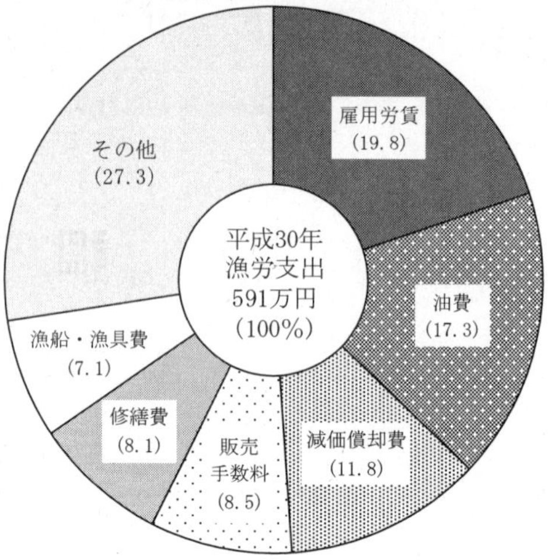

注：　割合については表示単位未満を四捨五入しているため、合計値と内訳の計が一致しない。

表１　個人経営体（漁船漁業：１経営体当たり）の経営収支

区　分	平成29年	30	対前年差	対前年増減率
	千円	千円	千円	%
漁労収入	8,721	8,398	△ 323	△ 3.7
うち 補助・補償金（漁業）	384	349	△ 35	△ 9.1
漁労支出	5,749	5,910	161	2.8
うち 雇用労賃	1,195	1,173	△ 22	△ 1.8
油費	890	1,024	134	15.1
減価償却費	679	699	20	2.9
販売手数料	529	501	△ 28	△ 5.3
修繕費	462	481	19	4.1
漁船・漁具費	379	418	39	10.3
漁労所得	2,972	2,488	△ 484	△ 16.3
漁労所得率（％）	34.1	29.6	△ 4.5	nc
漁獲量（kg）	15,717	15,908	191	1.2

2　会社経営体（漁船漁業）

1経営体当たり漁労売上高は3億3,196万円で、漁獲量は増加したものの、価格の低下により、前年に比べて9.8%減少した。

また、漁労支出は3億5,962万円で、労務費、漁船・漁具費等の減少により、前年に比べて5.0%減少した。

この結果、漁労売上高から漁労支出を差し引いた漁労利益はマイナス2,767万円となり、前年に比べて1,728万円マイナス幅が拡大した。

図2　会社経営体（漁船漁業）の漁労支出の構成割合

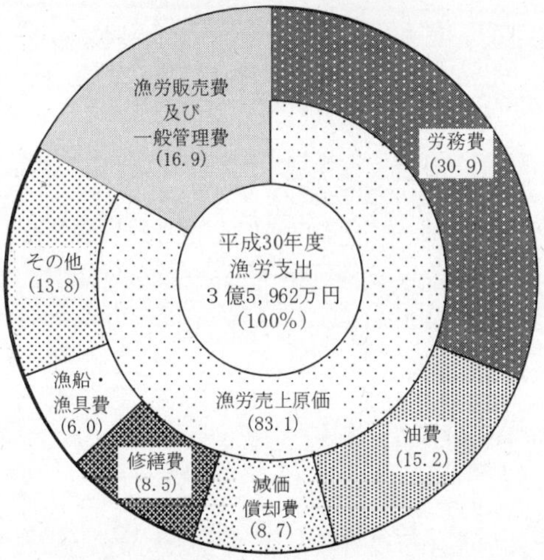

表2　会社経営体（漁船漁業：1経営体当たり）の経営収支

区　分	平成29年度	30	対前年差	対前年増減率
	千円	千円	千円	%
漁労売上高	368,187	331,956	△ 36,231	△ 9.8
漁労支出（①+②）	378,576	359,622	△ 18,954	△ 5.0
漁労売上原価 ①	317,904	298,870	△ 19,034	△ 6.0
うち 労務費	121,838	111,054	△ 10,784	△ 8.9
油費	47,110	54,639	7,529	16.0
減価償却費	34,590	31,436	△ 3,154	△ 9.1
修繕費	30,591	30,556	△ 35	△ 0.1
漁船・漁具費	28,520	21,398	△ 7,122	△ 25.0
漁労販売費及び一般管理費 ②	60,672	60,752	80	0.1
漁労利益	△ 10,389	△ 27,666	△ 17,277	nc
漁労外利益	28,541	30,483	1,942	6.8
営業利益	18,152	2,817	△ 15,335	△ 84.5
営業外収益	11,285	14,310	3,025	26.8
営業外費用	5,417	3,921	△ 1,496	△ 27.6
経常利益	24,020	13,206	△ 10,814	△ 45.0
漁獲量（t）	1,883	2,048	165	8.8

Ⅱ　統 計 表

1　個人経営体調査

(1)　海面漁業

ア　経営体階層別

(ア)　概要及び分析指標

区分	単位	漁船				
		平均	3T未満	3～5	5～10	10～20
		(1)	(2)	(3)	(4)	(5)
集計経営体数 (1)	経営体	276	53	76	44	62
漁業経営の概要						
経営主の平均年齢 (2)	歳	65.6	67.6	64.0	62.4	61.1
家族員数 (3)	人	3.02	2.72	3.11	3.59	3.63
使用動力船総トン数 (4)	T	4.69	1.23	4.68	8.01	14.97
養殖施設面積 (5)	m²	146	1	96	195	769
延べ出漁日数 (6)	日	132	134	130	127	148
最盛期の漁業従事者数 (7)	人	2.2	1.8	1.9	2.7	4.2
延べ労働時間 (8)	時間	2,343	1,683	2,012	2,786	5,309
漁業投下固定資本 (9)	千円	2,962	1,940	2,292	4,935	7,817
事業所得 (10)	〃	2,747	1,611	2,863	3,353	6,132
漁労所得 (11)	〃	2,488	1,561	2,449	2,936	6,015
漁労収入 (12)	〃	8,398	3,528	6,735	12,324	29,777
漁労支出 (13)	〃	5,910	1,967	4,286	9,388	23,762
漁労外事業所得 (14)	〃	259	50	414	417	117
漁労外事業収入 (15)	〃	455	128	547	612	417
漁労外事業支出 (16)	〃	196	78	133	195	300
分析指標						
漁労所得率 (17)	%	29.6	44.2	36.4	23.8	20.2
付加価値額（純生産） (18)	千円	4,502	2,065	3,445	6,582	15,013
付加価値率 (19)	%	53.6	58.5	51.2	53.4	50.4
物的経費 (20)	千円	3,896	1,463	3,290	5,742	14,764
純生産性 (21)	〃	2,046	1,147	1,813	2,438	3,575
漁業固定資本装備率 (22)	〃	1,346	1,078	1,206	1,828	1,861
家族漁業労働1時間当たり漁労所得 (23)	円	1,399	1,012	1,342	1,591	2,354
漁業固定資本千円当たり漁労所得 (24)	〃	840	805	1,068	595	769
漁業労働1時間当たり付加価値額 (25)	〃	1,921	1,227	1,712	2,363	2,828
漁業固定資本千円当たり付加価値額 (26)	〃	1,520	1,064	1,503	1,334	1,921

(イ)　使用漁船及び漁業操業状況

区分	単位	漁船				
		平均	3T未満	3～5	5～10	10～20
		(1)	(2)	(3)	(4)	(5)
使用漁船						
動力船						
隻数 (1)	隻	0.9	0.6	1.0	1.3	1.6
総トン数 (2)	T	4.69	1.23	4.68	8.01	14.97
船外機付船隻数 (3)	隻	0.6	1.0	0.3	0.4	0.4
無動力船隻数 (4)	〃	0.0	0.0	0.0	0.0	-
延べ出漁日数 (5)	日	132	134	130	127	148
最盛期の漁業従事者数 (6)	人	2.2	1.8	1.9	2.7	4.2
家族 (7)	〃	1.6	1.6	1.5	1.6	1.7
雇用者 (8)	〃	0.6	0.2	0.4	1.1	2.5
延べ労働時間 (9)	時間	2,343	1,683	2,012	2,786	5,309
海上労働 (10)	〃	1,396	795	1,297	1,704	3,868
家族 (11)	〃	1,058	781	1,223	1,105	1,858
雇用者 (12)	〃	338	14	74	599	2,010
陸上労働 (13)	〃	913	864	678	1,046	1,376
家族 (14)	〃	687	737	565	704	632
雇用者 (15)	〃	226	127	113	342	744
企画管理労働 (16)	〃	34	24	37	36	65
漁獲量 (17)	kg	15,908	4,251	9,471	15,592	57,326

漁		業		小型定置網漁業	
20 ～ 30	30 ～ 50	50 ～ 100	100 T 以上		
(6)	(7)	(8)	(9)	(10)	
16	11	8	6	45	(1)
61.5	62.3	65.3	64.5	66.0	(2)
3.75	4.55	3.63	4.67	3.34	(3)
25.14	38.09	75.96	247.10	5.15	(4)
172	-	-	-	300	(5)
133	124	167	242	166	(6)
5.6	8.9	11.2	21.5	4.0	(7)
5,310	10,508	19,090	53,146	2,952	(8)
6,718	11,010	8,537	95,478	3,366	(9)
9,212	13,171	20,610	△ 2,543	3,528	(10)
7,156	13,027	19,095	△ 3,171	3,311	(11)
28,895	68,225	111,739	458,035	10,416	(12)
21,739	55,198	92,644	461,206	7,105	(13)
2,056	144	1,515	628	217	(14)
8,460	1,456	1,570	1,048	319	(15)
6,404	1,312	55	420	102	(16)
24.8	19.1	17.1	nc	31.8	(17)
17,434	42,276	61,490	194,343	6,432	(18)
60.3	62.0	55.0	42.4	61.8	(19)
11,461	25,949	50,249	263,692	3,984	(20)
3,113	4,750	5,490	9,039	1,608	(21)
1,200	1,237	762	4,441	842	(22)
2,823	4,839	4,911	0	1,694	(23)
1,065	1,183	2,237	0	984	(24)
3,283	4,023	3,221	3,657	2,179	(25)
2,595	3,840	7,203	2,035	1,911	(26)

漁		業		小型定置網漁業	
20 ～ 30	30 ～ 50	50 ～ 100	100 T 以上		
(6)	(7)	(8)	(9)	(10)	
2.8	3.0	3.4	2.8	1.3	(1)
25.14	38.09	75.96	247.10	5.15	(2)
0.4	-	-	-	1.1	(3)
-	-	-	-	0.1	(4)
133	124	167	242	166	(5)
5.6	8.9	11.2	21.5	4.0	(6)
2.3	2.0	1.9	0.8	1.9	(7)
3.3	6.9	9.3	20.7	2.1	(8)
5,310	10,508	19,090	53,146	2,952	(9)
3,743	7,774	15,250	49,344	1,619	(10)
1,812	1,712	2,652	1,628	957	(11)
1,931	6,062	12,598	47,716	662	(12)
1,532	2,580	3,481	3,677	1,280	(13)
688	826	877	636	945	(14)
844	1,754	2,604	3,041	335	(15)
35	154	359	125	53	(16)
40,366	366,261	944,438	1,719,995	22,250	(17)

(1)　海面漁業（続き）
ア　経営体階層別（続き）
(ｳ)　財産

区分			漁		船		
			平均	3T未満	3～5	5～10	10～20
			(1)	(2)	(3)	(4)	(5)
資産合計	(期首)	(1)	18,825	11,389	17,332	34,367	33,164
	(期末)	(2)	18,641	11,198	17,387	33,591	31,763
流動資産	(期首)	(3)	12,583	7,168	11,012	24,960	22,021
	(期末)	(4)	12,586	7,181	11,091	24,384	21,237
固定資産合計	(期首)	(5)	6,242	4,221	6,320	9,407	11,143
	(期末)	(6)	6,055	4,017	6,296	9,207	10,526
土地	(期首)	(7)	1,984	1,734	2,101	2,082	2,038
	(期末)	(8)	1,983	1,734	2,100	2,082	2,038
建物・構築物	(期首)	(9)	2,154	1,660	2,657	3,054	2,528
	(期末)	(10)	1,989	1,548	2,440	2,842	2,401
船舶	(期首)	(11)	1,592	409	1,254	3,549	5,099
	(期末)	(12)	1,591	333	1,491	3,520	4,600
漁網・はえ縄	(期首)	(13)	80	11	46	212	216
	(期末)	(14)	86	15	32	241	315
養殖施設	(期首)	(15)	1	-	-	-	4
	(期末)	(16)	0	-	-	-	2
漁業権	(期首)	(17)	7	-	-	30	25
	(期末)	(18)	4	-	-	21	4
その他	(期首)	(19)	424	407	262	480	1,233
	(期末)	(20)	402	387	233	501	1,166
負債合計	(期首)	(21)	2,506	1,167	1,409	3,893	12,868
	(期末)	(22)	2,403	1,050	1,152	4,138	11,728
借入金	(期首)	(23)	2,251	1,136	1,162	3,690	10,158
	(期末)	(24)	2,137	1,024	1,052	4,022	8,962
その他	(期首)	(25)	255	31	247	203	2,710
	(期末)	(26)	266	26	100	116	2,766

(ｴ)　漁業投下固定資本

区分		漁		船		
		平均	3T未満	3～5	5～10	10～20
		(1)	(2)	(3)	(4)	(5)
漁業投下固定資本合計	(1)	2,962	1,940	2,292	4,935	7,817
土地	(2)	354	260	379	412	424
建物・構築物	(3)	666	983	475	397	1,118
船舶	(4)	1,537	392	1,173	3,455	5,081
漁網・はえ縄	(5)	80	11	50	212	216
養殖施設	(6)	1	-	-	-	4
漁業権	(7)	7	-	-	30	25
その他	(8)	317	294	215	429	949

(1) 海面漁業（続き）
イ 大海区別（続き）
(オ) 収入

区分	北海道太平洋北区		太平洋北区		太平洋中区		太平洋南区	
	漁船漁業	小型定置網漁業	漁船漁業	小型定置網漁業	漁船漁業	小型定置網漁業	漁船漁業	小型定置網漁業
	(1)	(2)	(3)	(4)	(5)	(6)	(7)	(8)
事業収入合計 (1)	10,318	x	14,287	64,363	9,720	4,760	9,975	5,939
漁労収入合計 (2)	10,133	x	12,667	63,443	9,365	4,760	9,856	5,939
漁業生産物収入 (3)	9,573	x	11,770	61,507	9,000	4,760	9,547	5,588
うち直売所・自家販売 (4)	145	x	1,265	-	62	-	8	-
養殖業生産物収入 (5)	7	x	-	602	26	-	4	345
うち直売所・自家販売 (6)	-	x	-	-	5	-	-	-
補助・補償金（漁業） (7)	553	x	897	1,334	339	-	305	6
漁労外事業収入計 (8)	185	x	1,620	920	355	-	119	-
水産加工業 (9)	-	x	-	-	51	-	-	-
民宿 (10)	-	x	-	-	-	-	97	-
遊漁船業 (11)	-	x	5	-	128	-	-	-
その他 (12)	185	x	1,615	920	173	-	22	-
補助・補償金（その他） (13)	0	x	-	-	3	-	-	-
（参考）補助・補償金合計 (14)	553	x	897	1,334	342	-	305	6
漁業 (15)	553	x	897	1,334	339	-	305	6
その他 (16)	0	x	-	-	3	-	-	-

(カ) 支出

区分	北海道太平洋北区		太平洋北区		太平洋中区		太平洋南区	
	漁船漁業	小型定置網漁業	漁船漁業	小型定置網漁業	漁船漁業	小型定置網漁業	漁船漁業	小型定置網漁業
	(1)	(2)	(3)	(4)	(5)	(6)	(7)	(8)
事業支出合計 (1)	7,898	x	8,560	44,827	7,228	1,499	6,995	2,992
漁労支出合計 (2)	7,888	x	8,238	43,955	7,076	1,499	6,966	2,992
期首期末棚卸増減 (3)	-	x	-	-	-	-	△ 7	-
雇用労賃 (4)	2,101	x	1,452	15,002	1,950	-	1,917	557
漁船・漁具費 (5)	254	x	522	2,944	532	120	497	229
油費 (6)	836	x	1,392	1,291	1,105	94	1,599	271
えさ代 (7)	74	x	139	-	113	-	565	171
種苗代 (8)	0	x	6	22	1	-	-	18
修繕費 (9)	407	x	865	3,419	528	109	494	316
販売手数料 (10)	593	x	655	2,647	507	243	678	459
負債利子 (11)	28	x	35	124	26	-	22	2
租税公課諸負担 (12)	558	x	313	1,160	224	50	140	168
その他 (13)	1,828	x	1,820	10,832	1,391	703	764	791
減価償却費計 (14)	1,209	x	1,039	6,514	699	180	297	10
建物・構築物 (15)	90	x	60	89	33	-	16	△ 159
船舶 (16)	638	x	669	2,799	494	72	142	52
漁網・はえ縄 (17)	186	x	120	2,169	43	-	17	240
養殖施設 (18)	-	x	-	-	-	-	-	-
漁業権 (19)	23	x	-	-	0	-	-	52
その他 (20)	272	x	190	1,457	129	108	122	△ 175
漁労外事業支出 (21)	10	x	322	872	152	-	29	-

単位：千円

北海道日本海北区		日本海北区		日本海西区		東シナ海区		瀬戸内海区		
漁船漁業	小型定置網漁業	漁船漁業	小型定置網漁業	漁船漁業	小型定置網漁業	漁船漁業	小型定置網漁業	漁船漁業	小型定置網漁業	
(9)	(10)	(11)	(12)	(13)	(14)	(15)	(16)	(17)	(18)	
11,367	17,225	6,141	4,650	12,139	x	6,866	14,317	6,731	5,208	(1)
11,065	17,225	6,085	4,448	11,826	x	6,134	13,690	6,481	4,850	(2)
10,372	10,192	5,647	4,382	11,337	x	5,758	13,641	6,367	4,571	(3)
24	-	473	-	7	x	90	1,757	255	131	(4)
247	4,565	-	-	-	x	69	-	42	235	(5)
-	-	-	-	-	x	-	-	37	-	(6)
446	2,468	438	66	489	x	307	49	72	44	(7)
302	-	56	202	313	x	732	627	250	358	(8)
-	-	-	-	51	x	289	-	43	-	(9)
-	-	-	-	-	x	-	-	-	10	(10)
1	-	6	-	50	x	103	-	33	-	(11)
301	-	50	199	212	x	166	627	174	348	(12)
-	-	-	3	-	x	174	-	-	0	(13)
446	2,468	438	69	489	x	481	49	72	44	(14)
446	2,468	438	66	489	x	307	49	72	44	(15)
-	-	-	3	-	x	174	-	-	0	(16)

単位：千円

北海道日本海北区		日本海北区		日本海西区		東シナ海区		瀬戸内海区		
漁船漁業	小型定置網漁業	漁船漁業	小型定置網漁業	漁船漁業	小型定置網漁業	漁船漁業	小型定置網漁業	漁船漁業	小型定置網漁業	
(9)	(10)	(11)	(12)	(13)	(14)	(15)	(16)	(17)	(18)	
7,279	16,749	4,106	2,321	9,582	x	4,923	9,580	3,807	3,427	(1)
7,183	16,749	4,096	2,142	9,228	x	4,519	9,491	3,714	3,426	(2)
7	-	-	-	-	x	3	-	-	-	(3)
1,007	2,568	476	81	2,385	x	458	2,984	486	631	(4)
318	505	729	101	556	x	365	628	308	196	(5)
673	747	727	237	1,297	x	941	579	822	244	(6)
1	-	8	-	27	x	101	-	29	-	(7)
-	-	-	-	-	x	4	-	3	8	(8)
631	1,120	210	179	750	x	400	786	390	404	(9)
678	769	319	310	749	x	377	823	395	356	(10)
21	290	16	11	19	x	25	40	2	4	(11)
410	1,883	127	199	541	x	160	326	127	121	(12)
2,327	4,556	1,031	859	1,779	x	1,017	2,296	735	889	(13)
1,110	4,311	453	165	1,125	x	668	1,029	417	573	(14)
249	188	18	55	92	x	30	219	29	19	(15)
379	3,585	259	27	694	x	523	411	308	352	(16)
118	19	28	68	181	x	63	151	11	-	(17)
-	-	-	-	-	x	2	-	-	-	(18)
-	-	-	-	15	x	-	-	-	12	(19)
364	519	148	15	143	x	50	248	69	190	(20)
96	-	10	179	354	x	404	89	93	1	(21)

(1) 海面漁業（続き）

ウ 主とする漁業種類別

(ｱ) 概要及び分析指標

区分	単位	小型底びき網 3～5T未満 (1)	小型底びき網 5～10 (2)	小型底びき網 10～20 (3)	船びき 3～5T未満 (4)	船びき 5～10 (5)	船びき 10～20 (6)
集計経営体数 (1)	経営体	19	9	18	6	6	5
漁業経営の概要							
経営主の平均年齢 (2)	歳	67.4	63.3	59.4	59.8	66.0	61.6
家族員数 (3)	人	2.58	3.22	3.44	4.17	4.00	3.40
使用動力船総トン数 (4)	T	4.83	8.42	13.08	4.79	7.60	15.14
養殖施設面積 (5)	㎡	3	667	900	-	430	-
延べ出漁日数 (6)	日	122	101	144	175	120	114
最盛期の漁業従事者数 (7)	人	1.5	2.8	4.8	2.5	4.1	6.6
延べ労働時間 (8)	時間	2,093	3,178	4,272	2,406	2,266	3,948
漁業投下固定資本 (9)	千円	1,596	6,740	8,779	3,119	4,622	10,868
事業所得 (10)	〃	3,459	2,218	6,447	4,192	5,506	3,140
漁労所得 (11)	〃	3,347	2,050	6,270	4,152	4,688	4,599
漁労収入 (12)	〃	6,870	14,904	24,813	10,519	15,988	19,050
漁労支出 (13)	〃	3,523	12,854	18,543	6,367	11,300	14,451
漁労外事業所得 (14)	〃	112	168	177	40	818	△ 1,459
漁労外事業収入 (15)	〃	190	233	230	55	1,454	1,770
漁労外事業支出 (16)	〃	78	65	53	15	636	3,229
分析指標							
漁労所得率 (17)	%	48.7	13.8	25.3	39.5	29.3	24.1
付加価値額（純生産） (18)	千円	3,946	6,975	13,576	6,558	11,254	10,890
付加価値率 (19)	%	57.4	46.8	54.7	62.3	70.4	57.2
物的経費 (20)	千円	2,924	7,929	11,237	3,961	4,734	8,160
純生産性 (21)	〃	2,631	2,491	2,828	2,623	2,745	1,650
漁業固定資本装備率 (22)	〃	1,064	2,407	1,829	1,248	1,127	1,647
家族漁業労働1時間当たり漁労所得 (23)	円	1,667	1,154	2,610	2,099	3,821	2,109
漁業固定資本千円当たり漁労所得 (24)	〃	2,097	304	714	1,331	1,014	423
漁業労働1時間当たり付加価値額 (25)	〃	1,885	2,195	3,178	2,726	4,966	2,758
漁業固定資本千円当たり付加価値額 (26)	〃	2,472	1,035	1,546	2,103	2,435	1,002

区分	単位	沿岸いか釣 3～5T未満 (16)	沿岸いか釣 5～10 (17)	沿岸いか釣 10～20 (18)	沿岸いか釣 20～30 (19)	ひき縄釣 3～5T未満 (20)	ひき縄釣 5～10 (21)
集計経営体数 (1)	経営体	10	3	15	3	4	3
漁業経営の概要							
経営主の平均年齢 (2)	歳	63.7	59.0	64.1	65.3	53.0	71.7
家族員数 (3)	人	2.60	2.67	3.73	4.67	3.00	2.33
使用動力船総トン数 (4)	T	4.77	9.10	16.90	24.45	4.85	8.14
養殖施設面積 (5)	㎡	-	-	-	680	-	-
延べ出漁日数 (6)	日	120	132	129	158	102	112
最盛期の漁業従事者数 (7)	人	1.6	1.6	2.7	2.6	1.0	1.3
延べ労働時間 (8)	時間	1,582	2,023	3,017	3,509	1,410	1,355
漁業投下固定資本 (9)	千円	1,601	6,347	4,619	12,499	1,629	2,429
事業所得 (10)	〃	1,344	5,193	4,192	2,275	540	815
漁労所得 (11)	〃	1,203	3,051	3,979	2,275	△ 17	766
漁労収入 (12)	〃	5,116	11,851	21,089	18,845	4,767	4,056
漁労支出 (13)	〃	3,913	8,800	17,110	16,570	4,784	3,290
漁労外事業所得 (14)	〃	141	2,142	213	-	557	49
漁労外事業収入 (15)	〃	229	2,391	221	-	562	56
漁労外事業支出 (16)	〃	88	249	8	-	5	7
分析指標							
漁労所得率 (17)	%	23.5	25.7	18.9	12.1	nc	18.9
付加価値額（純生産） (18)	千円	1,940	4,731	9,474	6,665	647	1,274
付加価値率 (19)	%	37.9	39.9	44.9	35.4	13.6	31.4
物的経費 (20)	千円	3,176	7,120	11,615	12,180	4,120	2,782
純生産性 (21)	〃	1,213	2,957	3,509	2,563	647	980
漁業固定資本装備率 (22)	〃	1,001	3,967	1,711	4,807	1,629	1,868
家族漁業労働1時間当たり漁労所得 (23)	円	786	1,813	2,034	754	0	587
漁業固定資本千円当たり漁労所得 (24)	〃	751	481	861	182	0	315
漁業労働1時間当たり付加価値額 (25)	〃	1,226	2,339	3,140	1,899	459	940
漁業固定資本千円当たり付加価値額 (26)	〃	1,212	745	2,051	533	397	524

き網		刺網				遠洋・近海まぐろはえ縄	その他のはえ縄		
20 ～ 30	30 ～ 50	3 T 未 満	3 ～ 5	5 ～ 10	10 ～ 20	10～20T未満	3～5T未満	10 ～ 20	
(7)	(8)	(9)	(10)	(11)	(12)	(13)	(14)	(15)	
10	6	18	13	11	10	4	5	4	(1)
60.3	59.3	64.4	66.5	62.5	56.4	59.5	69.8	66.3	(2)
3.50	5.67	2.94	3.54	4.09	4.30	3.75	2.40	3.00	(3)
26.18	38.81	1.46	4.53	8.63	12.55	19.04	4.87	16.73	(4)
70	-	-	-	-	2,600	-	-	-	(5)
102	102	157	161	137	183	209	89	151	(6)
7.1	7.7	1.8	2.4	3.5	3.3	5.8	1.6	3.0	(7)
5,256	8,981	2,038	2,843	4,798	6,506	10,788	1,417	7,152	(8)
5,207	10,065	2,490	4,115	5,197	12,408	3,859	764	5,172	(9)
13,194	16,762	1,877	4,484	4,619	7,027	5,651	1,193	12,173	(10)
9,971	16,611	1,818	3,093	4,547	6,947	5,631	967	10,832	(11)
33,779	58,377	4,067	8,501	16,293	28,070	60,196	3,226	32,794	(12)
23,808	41,766	2,249	5,408	11,746	21,123	54,565	2,259	21,962	(13)
3,223	151	59	1,391	72	80	20	226	1,341	(14)
8,948	151	92	1,664	72	82	20	423	1,602	(15)
5,725	-	33	273	-	2	-	197	261	(16)
29.5	28.5	44.7	36.4	27.9	24.7	9.4	30.0	33.0	(17)
22,618	35,957	2,298	4,484	9,530	14,672	23,525	1,534	20,024	(18)
67.0	61.6	56.5	52.7	58.5	52.3	39.1	47.6	61.1	(19)
11,161	22,420	1,769	4,017	6,763	13,398	36,671	1,692	12,770	(20)
3,186	4,670	1,277	1,868	2,723	4,446	4,056	959	6,675	(21)
733	1,307	1,383	1,715	1,485	3,760	665	478	1,724	(22)
4,845	5,054	983	1,261	1,552	1,662	2,800	829	3,483	(23)
1,915	1,650	730	752	875	560	1,459	1,266	2,094	(24)
4,303	4,004	1,128	1,577	1,986	2,255	2,181	1,083	2,800	(25)
4,344	3,572	923	1,090	1,834	1,182	6,096	2,008	3,872	(26)

その他の釣			採貝・採藻		その他の漁業			
3 T 未 満	3 ～ 5	5 ～ 10	3 T 未 満	3 ～ 5	3 T 未 満	3 ～ 5	5 ～ 10	
(22)	(23)	(24)	(25)	(26)	(27)	(28)	(29)	
10	9	6	11	3	11	4	6	(1)
71.5	59.0	60.5	63.5	71.0	72.9	55.8	56.5	(2)
2.30	3.56	3.50	3.18	3.67	2.27	3.25	4.00	(3)
1.63	4.40	6.25	0.45	4.90	1.18	4.12	7.82	(4)
3	-	-	-	667	-	-	-	(5)
115	127	152	111	82	145	104	135	(6)
1.9	1.4	1.3	1.6	1.6	1.7	1.8	2.6	(7)
1,388	1,575	1,495	1,244	2,162	1,870	1,465	1,419	(8)
939	3,394	3,839	945	1,979	2,689	930	3,714	(9)
510	2,356	3,132	1,641	2,374	2,195	3,570	1,155	(10)
353	1,886	2,781	1,594	1,810	2,164	3,570	752	(11)
1,542	5,537	7,765	3,503	7,048	4,304	6,949	6,446	(12)
1,189	3,651	4,984	1,909	5,238	2,140	3,379	5,694	(13)
157	470	351	47	564	31	-	403	(14)
262	811	599	72	564	35	-	726	(15)
105	341	248	25	-	4	-	323	(16)
22.9	34.1	35.8	45.5	25.7	50.3	51.4	11.7	(17)
540	2,330	3,937	2,185	4,214	2,781	4,225	2,148	(18)
35.0	42.1	50.7	62.4	59.8	64.6	60.8	33.3	(19)
1,002	3,207	3,828	1,318	2,834	1,523	2,724	4,298	(20)
284	1,664	3,028	1,366	2,634	1,636	2,347	826	(21)
494	2,424	2,953	591	1,237	1,582	517	1,428	(22)
257	1,197	1,860	1,450	1,233	1,239	2,519	588	(23)
376	556	724	1,687	915	805	3,839	202	(24)
389	1,479	2,633	1,756	1,949	1,487	2,884	1,514	(25)
575	687	1,026	2,312	2,129	1,034	4,543	578	(26)

(1) 海面漁業（続き）

ウ 主とする漁業種類別（続き）

(ｲ) 使用漁船及び漁業操業状況

区分	単位	小型底びき網 3～5T未満	小型底びき網 5～10	小型底びき網 10～20	船びき 3～5T未満	船びき 5～10	船びき 10～20
		(1)	(2)	(3)	(4)	(5)	(6)
使用漁船							
動力船							
隻数 (1)	隻	1.0	1.1	1.5	1.0	1.7	3.4
総トン数 (2)	T	4.83	8.42	13.08	4.79	7.60	15.14
船外機付船隻数 (3)	隻	0.1	0.4	0.3	-	0.7	0.2
無動力船隻数 (4)	〃	-	-	-	-	-	-
延べ出漁日数 (5)	日	122	101	144	175	120	114
最盛期の漁業従事者数 (6)	人	1.5	2.8	4.8	2.5	4.1	6.6
家族 (7)	〃	1.4	1.2	1.8	2.0	1.8	2.0
雇用者 (8)	〃	0.1	1.6	3.0	0.5	2.3	4.6
延べ労働時間 (9)	時間	2,093	3,178	4,272	2,406	2,266	3,948
海上労働 (10)	〃	1,540	2,016	2,941	1,725	1,646	3,360
家族 (11)	〃	1,490	1,081	1,754	1,476	773	1,629
雇用者 (12)	〃	50	935	1,187	249	873	1,731
陸上労働 (13)	〃	527	1,128	1,285	615	590	463
家族 (14)	〃	492	661	602	436	424	427
雇用者 (15)	〃	35	467	683	179	166	36
企画管理労働 (16)	〃	26	34	46	66	30	125
漁獲量 (17)	kg	11,328	18,254	51,528	13,892	18,210	104,138

区分	単位	沿岸いか釣 3～5T未満	沿岸いか釣 5～10	沿岸いか釣 10～20	沿岸いか釣 20～30	ひき縄釣 3～5T未満	ひき縄釣 5～10
		(16)	(17)	(18)	(19)	(20)	(21)
使用漁船							
動力船							
隻数 (1)	隻	1.0	1.3	1.3	2.0	1.0	1.0
総トン数 (2)	T	4.77	9.10	16.90	24.45	4.85	8.14
船外機付船隻数 (3)	隻	0.2	0.3	0.3	0.7	-	-
無動力船隻数 (4)	〃	-	-	-	-	0.3	-
延べ出漁日数 (5)	日	120	132	129	158	102	112
最盛期の漁業従事者数 (6)	人	1.6	1.6	2.7	2.6	1.0	1.3
家族 (7)	〃	1.2	1.3	1.6	2.3	1.0	1.0
雇用者 (8)	〃	0.4	0.3	1.1	0.3	-	0.3
延べ労働時間 (9)	時間	1,582	2,023	3,017	3,509	1,410	1,355
海上労働 (10)	〃	1,112	1,571	2,362	2,838	1,106	998
家族 (11)	〃	1,093	1,264	1,508	2,401	1,106	951
雇用者 (12)	〃	19	307	854	437	-	47
陸上労働 (13)	〃	416	414	612	634	283	343
家族 (14)	〃	384	381	405	581	283	340
雇用者 (15)	〃	32	33	207	53	-	3
企画管理労働 (16)	〃	54	38	43	37	21	14
漁獲量 (17)	kg	4,148	11,671	25,584	24,169	5,986	4,902

き網		刺網				遠洋・近海まぐろはえ縄	その他のはえ縄		
20 ～ 30	30 ～ 50	3 T 未満	3 ～ 5	5 ～ 10	10 ～ 20	10～20T未満	3～5T未満	10 ～ 20	
(7)	(8)	(9)	(10)	(11)	(12)	(13)	(14)	(15)	
3.1	3.3	0.7	1.2	1.0	1.7	1.0	1.0	1.0	(1)
26.18	38.81	1.46	4.53	8.63	12.55	19.04	4.87	16.73	(2)
0.3	-	0.9	0.2	0.3	0.8	-	0.2	0.8	(3)
-	-	-	-	0.1	-	-	-	-	(4)
102	102	157	161	137	183	209	89	151	(5)
7.1	7.7	1.8	2.4	3.5	3.3	5.8	1.6	3.0	(6)
2.3	2.5	1.7	1.7	2.2	2.0	1.0	1.2	1.5	(7)
4.8	5.2	0.1	0.7	1.3	1.3	4.8	0.4	1.5	(8)
5,256	8,981	2,038	2,843	4,798	6,506	10,788	1,417	7,152	(9)
3,366	6,389	975	1,436	2,292	3,073	9,882	802	5,522	(10)
1,342	2,127	975	1,335	1,298	2,643	1,733	653	2,445	(11)
2,024	4,262	-	101	994	430	8,149	149	3,077	(12)
1,857	2,526	1,039	1,375	2,448	3,350	751	559	1,555	(13)
683	1,094	851	1,086	1,573	1,453	123	458	590	(14)
1,174	1,432	188	289	875	1,897	628	101	965	(15)
33	66	24	32	58	83	155	56	75	(16)
42,310	382,143	4,312	12,783	22,363	41,137	76,012	2,345	22,926	(17)

その他の釣			採貝・採藻		その他の漁業			
3 T 未満	3 ～ 5	5 ～ 10	3 T 未満	3 ～ 5	3 T 未満	3 ～ 5	5 ～ 10	
(22)	(23)	(24)	(25)	(26)	(27)	(28)	(29)	
0.9	1.0	1.3	0.3	1.0	0.6	1.3	1.7	(1)
1.63	4.40	6.25	0.45	4.90	1.18	4.12	7.82	(2)
0.5	0.1	-	1.8	1.0	1.0	0.5	0.7	(3)
-	-	-	0.1	-	-	-	-	(4)
115	127	152	111	82	145	104	135	(5)
1.9	1.4	1.3	1.6	1.6	1.7	1.8	2.6	(6)
1.7	1.4	1.3	1.3	1.3	1.6	1.8	1.8	(7)
0.2	-	-	0.3	0.3	0.1	-	0.8	(8)
1,388	1,575	1,495	1,244	2,162	1,870	1,465	1,419	(9)
838	1,277	1,264	436	542	769	916	1,073	(10)
823	1,277	1,264	420	423	760	916	955	(11)
15	-	-	16	119	9	-	118	(12)
525	270	209	780	1,583	1,083	528	318	(13)
524	270	209	651	1,008	969	480	296	(14)
1	-	-	129	575	114	48	22	(15)
25	28	22	28	37	18	21	28	(16)
1,925	3,990	6,696	5,815	18,616	4,862	12,498	12,768	(17)

(1) 海面漁業（続き）

ウ 主とする漁業種類別（続き）

(ｳ) 財産

区分			小型底びき網			船びき		
			3～5T未満	5～10	10～20	3～5T未満	5～10	10～20
			(1)	(2)	(3)	(4)	(5)	(6)
資産合計	(期首)	(1)	18,829	24,921	38,219	10,655	35,679	28,695
	(期末)	(2)	18,398	24,351	37,397	10,918	32,723	25,809
流動資産	(期首)	(3)	13,414	16,006	24,818	6,630	28,986	13,307
	(期末)	(4)	13,409	16,634	24,591	7,420	26,054	11,148
固定資産合計	(期首)	(5)	5,415	8,915	13,401	4,025	6,693	15,388
	(期末)	(6)	4,989	7,717	12,806	3,498	6,669	14,661
土地	(期首)	(7)	3,088	1,594	3,577	1,807	1,104	5,148
	(期末)	(8)	3,088	1,594	3,577	1,807	1,104	5,148
建物・構築物	(期首)	(9)	1,489	770	3,536	83	998	2,006
	(期末)	(10)	1,345	593	3,542	-	963	1,664
船舶	(期首)	(11)	644	5,597	4,649	1,939	2,775	6,918
	(期末)	(12)	429	4,526	4,123	1,594	2,919	5,866
漁網・はえ縄	(期首)	(13)	24	289	268	13	21	127
	(期末)	(14)	6	622	202	50	10	982
養殖施設	(期首)	(15)	-	-	-	-	-	-
	(期末)	(16)	-	-	-	-	-	-
漁業権	(期首)	(17)	-	95	-	-	-	-
	(期末)	(18)	-	54	-	-	-	-
その他	(期首)	(19)	170	570	1,371	183	1,795	1,189
	(期末)	(20)	121	328	1,362	47	1,673	1,001
負債合計	(期首)	(21)	576	9,810	12,858	5,694	6,224	3,163
	(期末)	(22)	425	9,292	12,388	3,898	5,794	2,760
借入金	(期首)	(23)	576	9,731	7,297	2,627	4,852	3,163
	(期末)	(24)	425	8,814	6,693	2,734	5,660	2,760
その他	(期首)	(25)	-	79	5,561	3,067	1,372	-
	(期末)	(26)	-	478	5,695	1,164	134	-

区分			沿岸いか釣				ひき縄釣	
			3～5T未満	5～10	10～20	20～30	3～5T未満	5～10
			(16)	(17)	(18)	(19)	(20)	(21)
資産合計	(期首)	(1)	8,361	44,600	28,234	48,733	8,222	38,831
	(期末)	(2)	9,034	42,089	27,441	43,149	8,426	38,431
流動資産	(期首)	(3)	6,086	27,688	21,477	35,919	6,232	35,236
	(期末)	(4)	6,614	26,688	21,555	33,497	6,688	35,324
固定資産合計	(期首)	(5)	2,275	16,912	6,757	12,814	1,990	3,595
	(期末)	(6)	2,420	15,401	5,886	9,652	1,738	3,107
土地	(期首)	(7)	450	6,133	984	287	314	613
	(期末)	(8)	445	6,133	984	287	314	613
建物・構築物	(期首)	(9)	352	4,658	1,192	447	404	535
	(期末)	(10)	315	4,524	1,198	412	377	497
船舶	(期首)	(11)	1,324	5,988	3,599	10,105	1,241	2,447
	(期末)	(12)	1,395	4,711	2,977	7,863	1,034	1,997
漁網・はえ縄	(期首)	(13)	0	-	-	6	-	-
	(期末)	(14)	0	-	-	3	-	-
養殖施設	(期首)	(15)	-	-	-	-	-	-
	(期末)	(16)	-	-	-	-	-	-
漁業権	(期首)	(17)	-	-	-	-	-	-
	(期末)	(18)	-	-	-	-	-	-
その他	(期首)	(19)	149	133	982	1,969	31	-
	(期末)	(20)	265	33	727	1,087	13	-
負債合計	(期首)	(21)	1,549	333	8,762	3,891	-	-
	(期末)	(22)	1,402	283	7,909	3,299	-	-
借入金	(期首)	(23)	1,549	333	7,465	3,891	-	-
	(期末)	(24)	1,402	283	6,882	3,299	-	-
その他	(期首)	(25)	-	-	1,297	-	-	-
	(期末)	(26)	-	-	1,027	-	-	-

単位：千円

き	網	刺			網	遠洋・近海まぐろはえ縄	そ の 他 の は え 縄		
20 ～ 30	30 ～ 50	3 T 未 満	3 ～ 5	5 ～ 10	10 ～ 20	10～20T未満	3～5T未満	10 ～ 20	
(7)	(8)	(9)	(10)	(11)	(12)	(13)	(14)	(15)	
26, 043	47, 417	13, 663	23, 965	49, 566	42, 917	26, 073	15, 426	20, 650	(1)
32, 332	53, 580	13, 590	24, 177	48, 964	38, 748	23, 445	15, 250	21, 204	(2)
14, 265	30, 127	9, 595	14, 808	36, 466	27, 642	21, 854	11, 740	12, 427	(3)
18, 690	34, 113	9, 594	14, 319	36, 055	24, 063	20, 171	11, 779	14, 335	(4)
11, 778	17, 290	4, 068	9, 157	13, 100	15, 275	4, 219	3, 686	8, 223	(5)
13, 642	19, 467	3, 996	9, 858	12, 909	14, 685	3, 274	3, 471	6, 869	(6)
1, 169	8, 060	1, 452	2, 451	2, 264	765	546	1, 992	414	(7)
1, 169	8, 060	1, 452	2, 451	2, 264	765	546	1, 992	414	(8)
4, 770	2, 662	1, 999	3, 692	6, 846	3, 876	271	1, 476	2, 856	(9)
4, 409	2, 454	1, 916	3, 424	6, 396	3, 477	211	1, 307	2, 582	(10)
3, 623	2, 959	395	2, 161	3, 091	8, 163	2, 779	129	4, 529	(11)
6, 430	4, 357	360	3, 187	3, 332	7, 391	2, 159	71	3, 672	(12)
50	−	31	220	565	509	0	16	−	(13)
51	207	21	150	447	687	0	12	−	(14)
−	−	−	−	−	27	−	−	−	(15)
−	−	−	−	−	14	−	−	−	(16)
−	−	−	−	42	25	−	−	−	(17)
−	−	−	−	42	−	−	−	−	(18)
2, 166	3, 609	191	633	292	1, 910	623	73	424	(19)
1, 583	4, 389	247	646	428	2, 351	358	89	201	(20)
7, 398	1, 867	1, 291	108	1, 195	12, 312	24, 493	1, 490	11, 932	(21)
6, 083	1, 493	1, 233	77	1, 181	8, 180	22, 423	1, 392	9, 572	(22)
7, 157	1, 867	1, 201	108	1, 195	11, 748	23, 974	1, 490	11, 006	(23)
5, 959	1, 493	1, 161	65	1, 181	7, 484	20, 791	1, 392	8, 959	(24)
241	−	90	−	−	564	519	−	926	(25)
124	−	72	12	−	696	1, 632	−	613	(26)

そ の 他 の 釣			採 貝 ・ 採 藻		そ の 他 の 漁 業			
3 T 未 満	3 ～ 5	5 ～ 10	3 T 未 満	3 ～ 5	3 T 未 満	3 ～ 5	5 ～ 10	
(22)	(23)	(24)	(25)	(26)	(27)	(28)	(29)	
11, 009	28, 048	31, 314	7, 433	22, 444	10, 458	13, 227	15, 077	(1)
10, 698	27, 259	30, 117	7, 298	23, 322	10, 356	12, 681	16, 959	(2)
4, 147	11, 045	23, 402	5, 961	19, 476	6, 561	9, 848	8, 331	(3)
4, 190	10, 868	22, 982	6, 079	20, 361	6, 544	9, 331	7, 727	(4)
6, 862	17, 003	7, 912	1, 472	2, 968	3, 897	3, 379	6, 746	(5)
6, 508	16, 391	7, 135	1, 219	2, 961	3, 812	3, 350	9, 232	(6)
4, 657	2, 874	1, 244	331	1, 184	923	3, 068	3, 009	(7)
4, 657	2, 874	1, 244	331	1, 184	923	3, 068	3, 009	(8)
1, 159	11, 533	4, 654	85	1, 539	2, 473	184	444	(9)
1, 072	10, 743	4, 523	73	1, 406	2, 257	156	233	(10)
728	2, 294	2, 003	119	−	338	123	2, 967	(11)
529	2, 613	1, 368	59	−	302	126	5, 276	(12)
−	−	11	−	−	−	−	56	(13)
−	−	−	−	−	40	−	4	(14)
−	−	−	−	−	−	−	−	(15)
−	−	−	−	−	−	−	−	(16)
−	−	−	−	−	−	−	−	(17)
−	−	−	−	−	−	−	−	(18)
318	302	−	937	245	163	4	270	(19)
250	161	−	756	371	290	−	710	(20)
1, 230	3, 572	3, 921	834	−	445	797	1, 333	(21)
960	3, 266	3, 518	833	2	404	688	4, 787	(22)
1, 230	3, 572	3, 919	830	−	444	711	1, 333	(23)
960	3, 266	3, 518	829	−	402	614	4, 787	(24)
−	−	2	4	−	1	86	−	(25)
−	−	−	4	2	2	74	−	(26)

(1) 海面漁業（続き）
ウ 主とする漁業種類別（続き）
(ｴ) 漁業投下固定資本

区分	小型底びき網			船びき		
	3～5T未満	5～10	10～20	3～5T未満	5～10	10～20
	(1)	(2)	(3)	(4)	(5)	(6)
漁業投下固定資本合計 (1)	1,596	6,740	8,779	3,119	4,622	10,868
土地 (2)	503	116	776	1,034	44	1,296
建物・構築物 (3)	275	249	1,937	8	-	1,581
船舶 (4)	624	5,597	4,620	1,934	2,775	6,918
漁網・はえ縄 (5)	24	289	268	63	21	127
養殖施設 (6)	-	-	-	-	-	-
漁業権 (7)	-	95	-	-	-	-
その他 (8)	170	394	1,178	80	1,782	946

区分	沿岸いか釣				ひき縄釣	
	3～5T未満	5～10	10～20	20～30	3～5T未満	5～10
	(16)	(17)	(18)	(19)	(20)	(21)
漁業投下固定資本合計 (1)	1,601	6,347	4,619	12,499	1,629	2,429
土地 (2)	26	226	54	27	314	43
建物・構築物 (3)	133	-	109	447	43	27
船舶 (4)	1,306	5,988	3,597	10,105	1,241	2,359
漁網・はえ縄 (5)	-	-	-	6	-	-
養殖施設 (6)	-	-	-	-	-	-
漁業権 (7)	-	-	-	-	-	-
その他 (8)	136	133	859	1,914	31	-

単位：千円

き網		刺網				遠洋・近海まぐろはえ縄	その他のはえ縄		
20 ～ 30	30 ～ 50	3T未満	3 ～ 5	5 ～ 10	10 ～ 20	10～20T未満	3～5T未満	10 ～ 20	
(7)	(8)	(9)	(10)	(11)	(12)	(13)	(14)	(15)	
5,207	10,065	2,490	4,115	5,197	12,408	3,859	764	5,172	(1)
58	2,190	499	217	508	203	546	365	124	(2)
686	1,307	1,388	988	737	2,153	271	181	299	(3)
3,356	2,959	394	2,153	3,091	8,163	2,779	129	4,391	(4)
50	-	31	220	565	509	0	16	-	(5)
-	-	-	-	-	27	-	-	-	(6)
-	-	-	-	42	25	-	-	-	(7)
1,057	3,609	178	537	254	1,328	263	73	358	(8)

その他の釣			採貝・採藻		その他の漁業			
3T未満	3 ～ 5	5 ～ 10	3T未満	3 ～ 5	3T未満	3 ～ 5	5 ～ 10	
(22)	(23)	(24)	(25)	(26)	(27)	(28)	(29)	
939	3,394	3,839	945	1,979	2,689	930	3,714	(1)
108	354	1,046	6	200	137	778	695	(2)
31	1,207	1,097	85	1,534	2,076	27	80	(3)
639	1,685	1,685	119	-	338	123	2,642	(4)
-	-	11	-	-	-	-	56	(5)
-	-	-	-	-	-	-	-	(6)
-	-	-	-	-	-	-	-	(7)
161	148	-	735	245	138	2	241	(8)

(1) 海面漁業（続き）
ウ 主とする漁業種類別（続き）
(ｵ) 収入

区分	小型底びき網			船びき		
	3～5T未満	5～10	10～20	3～5T未満	5～10	10～20
	(1)	(2)	(3)	(4)	(5)	(6)
事業収入合計 (1)	7,060	15,137	25,043	10,574	17,442	20,820
漁労収入合計 (2)	6,870	14,904	24,813	10,519	15,988	19,050
漁業生産物収入 (3)	6,727	14,167	23,399	9,883	14,460	17,817
うち直売所・自家販売 (4)	1	–	–	210	773	57
養殖業生産物収入 (5)	27	223	1,007	–	240	–
うち直売所・自家販売 (6)	–	–	–	–	12	–
補助・補償金（漁業） (7)	116	514	407	636	1,288	1,233
漁労外事業収入計 (8)	190	233	230	55	1,454	1,770
水産加工業 (9)	–	–	–	–	658	1,522
民宿 (10)	–	–	–	–	–	–
遊漁船業 (11)	–	–	–	–	–	–
その他 (12)	188	233	228	55	796	248
補助・補償金（その他） (13)	2	–	2	–	–	–
（参考）補助・補償金合計 (14)	118	514	409	636	1,288	1,233
漁業 (15)	116	514	407	636	1,288	1,233
その他 (16)	2	–	2	–	–	–

区分	沿岸いか釣				ひき縄釣	
	3～5T未満	5～10	10～20	20～30	3～5T未満	5～10
	(16)	(17)	(18)	(19)	(20)	(21)
事業収入合計 (1)	5,345	14,242	21,310	18,845	5,329	4,112
漁労収入合計 (2)	5,116	11,851	21,089	18,845	4,767	4,056
漁業生産物収入 (3)	4,782	11,293	18,114	17,132	4,567	3,742
うち直売所・自家販売 (4)	–	–	–	–	–	–
養殖業生産物収入 (5)	–	–	–	504	–	–
うち直売所・自家販売 (6)	–	–	–	–	–	–
補助・補償金（漁業） (7)	334	558	2,975	1,209	200	314
漁労外事業収入計 (8)	229	2,391	221	–	562	56
水産加工業 (9)	–	–	–	–	–	–
民宿 (10)	–	–	–	–	–	–
遊漁船業 (11)	229	218	5	–	–	–
その他 (12)	–	–	216	–	135	56
補助・補償金（その他） (13)	–	2,173	–	–	427	–
（参考）補助・補償金合計 (14)	334	2,731	2,975	1,209	627	314
漁業 (15)	334	558	2,975	1,209	200	314
その他 (16)	–	2,173	–	–	427	–

単位：千円

き網		刺網				遠洋・近海まぐろはえ縄	その他のはえ縄		
20 ～ 30	30 ～ 50	3 T 未 満	3 ～ 5	5 ～ 10	10 ～ 20	10～20T未満	3～5T未満	10 ～ 20	
(7)	(8)	(9)	(10)	(11)	(12)	(13)	(14)	(15)	
42, 727	58, 528	4, 159	10, 165	16, 365	28, 152	60, 216	3, 649	34, 396	(1)
33, 779	58, 377	4, 067	8, 501	16, 293	28, 070	60, 196	3, 226	32, 794	(2)
33, 220	57, 983	4, 060	8, 290	15, 808	25, 243	57, 810	3, 226	32, 430	(3)
-	-	756	52	-	-	-	43	-	(4)
-	-	-	-	-	370	-	-	-	(5)
-	-	-	-	-	-	-	-	-	(6)
559	394	7	211	485	2, 457	2, 386	-	364	(7)
8, 948	151	92	1, 664	72	82	20	423	1, 602	(8)
8, 855	-	17	-	-	-	-	-	-	(9)
-	-	-	-	-	-	-	-	-	(10)
-	-	67	-	-	-	-	-	-	(11)
93	151	8	1, 664	67	82	20	423	1, 602	(12)
-	-	-	-	5	-	-	-	-	(13)
559	394	7	211	490	2, 457	2, 386	-	364	(14)
559	394	7	211	485	2, 457	2, 386	-	364	(15)
-	-	-	-	5	-	-	-	-	(16)

その他の釣			採貝・採藻		その他の漁業			
3 T 未 満	3 ～ 5	5 ～ 10	3 T 未 満	3 ～ 5	3 T 未 満	3 ～ 5	5 ～ 10	
(22)	(23)	(24)	(25)	(26)	(27)	(28)	(29)	
1, 804	6, 348	8, 364	3, 575	7, 612	4, 339	6, 949	7, 172	(1)
1, 542	5, 537	7, 765	3, 503	7, 048	4, 304	6, 949	6, 446	(2)
1, 533	5, 150	6, 847	3, 480	6, 773	4, 052	6, 843	6, 085	(3)
49	-	2	149	1, 498	62	409	486	(4)
-	-	-	-	-	-	-	-	(5)
-	-	-	-	499	-	-	-	(6)
9	387	918	23	275	252	106	361	(7)
262	811	599	72	564	35	-	726	(8)
-	-	-	31	-	-	-	-	(9)
-	-	-	-	-	-	-	-	(10)
130	368	117	-	-	-	-	-	(11)
132	209	58	41	564	35	-	726	(12)
-	234	424	-	-	-	-	-	(13)
9	621	1, 342	23	275	252	106	361	(14)
9	387	918	23	275	252	106	361	(15)
-	234	424	-	-	-	-	-	(16)

(1) 海面漁業（続き）
ウ 主とする漁業種類別（続き）
(カ) 支出

区分	小型底びき網			船びき		
	3～5T未満	5～10	10～20	3～5T未満	5～10	10～20
	(1)	(2)	(3)	(4)	(5)	(6)
事業支出合計 (1)	3,601	12,919	18,596	6,382	11,936	17,680
漁労支出合計 (2)	3,523	12,854	18,543	6,367	11,300	14,451
期首期末棚卸増減 (3)	-	-	-	-	-	-
雇用労賃 (4)	134	3,290	4,956	1,514	5,463	4,665
漁船・漁具費 (5)	197	672	1,430	286	166	849
油費 (6)	1,160	1,711	3,172	1,048	973	1,182
えさ代 (7)	-	39	32	218	2	-
種苗代 (8)	2	-	-	-	28	-
修繕費 (9)	378	930	1,447	716	806	789
販売手数料 (10)	435	945	1,180	593	881	655
負債利子 (11)	1	86	38	34	28	8
租税公課諸負担 (12)	142	800	558	238	526	1,322
その他 (13)	696	2,323	3,468	1,287	1,612	2,427
減価償却費計 (14)	378	2,058	2,262	433	815	2,554
建物・構築物 (15)	30	123	168	8	-	310
船 (16)	279	1,366	1,314	343	641	1,547
漁網・はえ縄 (17)	18	315	237	43	11	432
養殖施設 (18)	-	-	-	-	-	-
漁業権 (19)	-	42	-	-	-	-
その他 (20)	51	212	543	39	163	265
漁労外事業支出 (21)	78	65	53	15	636	3,229

区分	沿岸いか釣				ひき縄釣	
	3～5T未満	5～10	10～20	20～30	3～5T未満	5～10
	(16)	(17)	(18)	(19)	(20)	(21)
事業支出合計 (1)	4,001	9,049	17,118	16,570	4,789	3,297
漁労支出合計 (2)	3,913	8,800	17,110	16,570	4,784	3,290
期首期末棚卸増減 (3)	-	-	-	-	63	-
雇用労賃 (4)	47	244	2,029	1,218	-	43
漁船・漁具費 (5)	382	128	1,047	490	500	200
油費 (6)	1,192	1,902	4,449	3,968	1,839	1,298
えさ代 (7)	17	121	19	-	320	54
種苗代 (8)	-	-	-	21	-	-
修繕費 (9)	422	1,573	1,049	1,420	327	240
販売手数料 (10)	340	863	1,330	848	394	278
負債利子 (11)	9	10	85	6	-	-
租税公課諸負担 (12)	67	443	677	625	58	28
その他 (13)	1,021	2,139	5,072	4,749	901	697
減価償却費計 (14)	416	1,377	1,353	3,225	382	452
建物・構築物 (15)	12	-	12	36	4	2
船 (16)	347	1,277	1,013	2,636	359	450
漁網・はえ縄 (17)	-	-	-	3	-	-
養殖施設 (18)	-	-	-	-	-	-
漁業権 (19)	-	-	-	-	-	-
その他 (20)	57	100	328	550	19	-
漁労外事業支出 (21)	88	249	8	-	5	7

単位：千円

き網		刺網				遠洋・近海まぐろはえ縄	その他のはえ縄		
20 ～ 30	30 ～ 50	3 T 未満	3 ～ 5	5 ～ 10	10 ～ 20	10～20T未満	3～5T未満	10 ～ 20	
(7)	(8)	(9)	(10)	(11)	(12)	(13)	(14)	(15)	
29,533	41,766	2,282	5,681	11,746	21,125	54,565	2,456	22,223	(1)
23,808	41,766	2,249	5,408	11,746	21,123	54,565	2,259	21,962	(2)
-	-	-	-	-	-	-	-	△ 4	(3)
10,109	13,651	100	543	3,558	4,084	13,147	199	5,483	(4)
1,367	2,242	340	436	806	2,272	4,539	130	1,363	(5)
3,523	7,074	327	726	1,514	2,419	14,320	443	2,501	(6)
-	-	17	6	94	194	5,138	212	1,584	(7)
7	-	-	-	-	11	-	-	-	(8)
1,299	3,277	243	436	778	1,152	3,505	268	520	(9)
1,465	2,243	340	522	942	1,458	4,045	235	2,397	(10)
87	62	7	-	6	72	492	3	46	(11)
498	2,426	64	256	332	1,209	1,957	90	1,493	(12)
3,676	8,449	559	1,272	2,129	5,353	6,383	548	5,501	(13)
1,777	2,342	252	1,211	1,587	2,899	1,039	131	1,078	(14)
65	120	32	71	63	232	60	15	47	(15)
1,371	927	130	789	969	1,739	722	57	832	(16)
30	6	10	217	380	410	-	5	-	(17)
-	-	-	-	-	14	-	-	-	(18)
-	-	-	-	-	25	-	-	-	(19)
311	1,289	80	134	175	479	257	54	199	(20)
5,725	-	33	273	-	2	-	197	261	(21)

その他の釣			採貝・採藻		その他の漁業			
3 T 未満	3 ～ 5	5 ～ 10	3 T 未満	3 ～ 5	3 T 未満	3 ～ 5	5 ～ 10	
(22)	(23)	(24)	(25)	(26)	(27)	(28)	(29)	
1,294	3,992	5,232	1,934	5,238	2,144	3,379	6,017	(1)
1,189	3,651	4,984	1,909	5,238	2,140	3,379	5,694	(2)
-	-	-	-	-	5	-	-	(3)
10	-	-	198	1,155	164	51	340	(4)
144	466	435	119	86	145	297	676	(5)
275	851	1,072	223	493	206	658	803	(6)
61	156	181	10	234	71	104	53	(7)
-	-	-	-	21	-	-	-	(8)
114	350	342	119	267	173	678	343	(9)
81	368	392	225	559	239	412	231	(10)
25	23	33	6	-	1	31	13	(11)
21	80	93	132	282	167	115	228	(12)
228	632	1,685	581	1,874	671	860	1,565	(13)
230	725	751	296	267	298	173	1,442	(14)
5	119	51	13	133	121	4	29	(15)
184	512	689	59	-	48	110	1,164	(16)
-	-	11	-	-	13	-	51	(17)
-	-	-	-	-	-	-	-	(18)
-	-	-	-	-	-	-	-	(19)
41	94	-	224	134	116	59	198	(20)
105	341	248	25	-	4	-	323	(21)

(2) 海面養殖業

ア 養殖種類別主産地別

(ア) 概要及び分析指標

区分		単位	ぶり類養殖業			まだい養殖業		
			平均	四国	九州	平均	東海	四国
			(1)	(2)	(3)	(4)	(5)	(6)
集計経営体数	(1)	経営体	10	5	5	14	4	10
漁業経営の概要								
経営主の平均年齢	(2)	歳	63.7	62.8	65.0	58.8	56.5	59.9
家族員数	(3)	人	3.32	5.20	3.60	4.45	2.50	5.10
使用動力船総トン数	(4)	T	15.93	27.52	19.21	7.89	4.67	8.89
養殖施設面積	(5)	㎡	1,368	3,104	2,311	1,505	743	1,945
延べ出漁日数	(6)	日	292	347	267	313	282	328
最盛期の漁業従事者数	(7)	人	7.9	7.2	6.6	3.2	2.3	3.6
延べ労働時間	(8)	時間	5,312	6,146	5,294	3,253	2,208	3,880
漁業投下固定資本	(9)	千円	7,112	14,888	7,564	4,427	2,233	5,321
事業所得	(10)	〃	10,525	32,849	7,033	17,811	8,157	22,990
漁労所得	(11)	〃	10,310	32,354	7,015	17,809	8,157	22,986
漁労収入	(12)	〃	133,688	247,867	119,966	87,938	42,764	113,894
漁労支出	(13)	〃	123,378	215,513	112,951	70,129	34,607	90,908
漁労外事業所得	(14)	〃	215	495	18	2	-	4
漁労外事業収入	(15)	〃	329	731	20	55	-	76
漁労外事業支出	(16)	〃	114	236	2	53	-	72
分析指標								
漁労所得率	(17)	%	7.7	13.1	5.8	20.3	19.1	20.2
付加価値額（純生産）	(18)	千円	31,301	53,411	19,998	19,872	12,202	25,062
付加価値率	(19)	%	23.4	21.5	16.7	22.6	28.5	22.0
物的経費	(20)	千円	102,387	194,456	99,968	68,066	30,562	88,832
純生産性	(21)	〃	3,962	7,418	3,030	6,210	5,305	6,962
漁業固定資本装備率	(22)	〃	900	2,068	1,146	1,383	971	1,478
家族漁業労働1時間当たり漁労所得	(23)	円	3,404	8,349	3,163	6,280	4,460	7,064
漁業固定資本千円当たり漁労所得	(24)	〃	1,450	2,173	927	4,023	3,653	4,320
漁業労働1時間当たり付加価値額	(25)	〃	5,893	8,690	3,777	6,109	5,526	6,459
漁業固定資本千円当たり付加価値額	(26)	〃	4,401	3,588	2,644	4,489	5,464	4,710

区分		単位	のり類養殖業			
			平均	東京湾	東海	有明海
			(16)	(17)	(18)	(19)
集計経営体数	(1)	経営体	22	3	8	11
漁業経営の概要						
経営主の平均年齢	(2)	歳	58.1	63.7	54.1	59.4
家族員数	(3)	人	4.32	5.33	3.25	4.82
使用動力船総トン数	(4)	T	3.90	-	1.36	5.57
養殖施設面積	(5)	㎡	14,226	4,520	11,790	19,815
延べ出漁日数	(6)	日	170	175	142	169
最盛期の漁業従事者数	(7)	人	5.5	4.0	6.2	5.7
延べ労働時間	(8)	時間	4,103	3,679	4,271	4,651
漁業投下固定資本	(9)	千円	17,350	5,753	7,960	25,345
事業所得	(10)	〃	11,679	6,590	9,130	15,408
漁労所得	(11)	〃	11,270	6,590	9,021	14,810
漁労収入	(12)	〃	31,822	17,083	30,611	38,554
漁労支出	(13)	〃	20,552	10,493	21,590	23,744
漁労外事業所得	(14)	〃	409	-	109	598
漁労外事業収入	(15)	〃	599	-	297	852
漁労外事業支出	(16)	〃	190	-	188	254
分析指標						
漁労所得率	(17)	%	35.4	38.6	29.5	38.4
付加価値額（純生産）	(18)	千円	18,192	9,739	16,408	22,675
付加価値率	(19)	%	57.2	57.0	53.6	58.8
物的経費	(20)	千円	13,630	7,344	14,203	15,879
純生産性	(21)	〃	3,308	2,435	2,646	3,978
漁業固定資本装備率	(22)	〃	3,155	1,438	1,284	4,446
家族漁業労働1時間当たり漁労所得	(23)	円	3,456	2,396	2,924	3,936
漁業固定資本千円当たり漁労所得	(24)	〃	650	1,145	1,133	584
漁業労働1時間当たり付加価値額	(25)	〃	4,434	2,647	3,842	4,875
漁業固定資本千円当たり付加価値額	(26)	〃	1,049	1,693	2,061	895

注： 海面養殖業の平均値の算出は、全国値については加重平均により算出しているが、主産地別平均は総和平均により算出した値である。

ほたてがい養殖業			かき類養殖業						
平均	北海道	東北	平均	北海道	三陸	東海	瀬戸内	九州	
(7)	(8)	(9)	(10)	(11)	(12)	(13)	(14)	(15)	
32	16	16	24	3	7	2	10	2	(1)
58.3	55.4	60.9	63.5	52.3	62.7	x	62.8	x	(2)
3.96	4.19	4.06	3.77	4.7	4.71	x	3.60	x	(3)
5.21	6.04	4.57	7.73	-	3.63	x	22.14	x	(4)
9,052	8,717	8,976	3,313	7,167	3,747	x	6,788	x	(5)
186	183	193	198	374	215	x	277	x	(6)
10.6	13.5	7.5	6.9	4.7	5.3	x	12.9	x	(7)
7,172	8,552	5,998	8,851	12,706	4,526	x	20,959	x	(8)
11,734	14,268	10,446	7,073	7,116	3,975	x	25,421	x	(9)
5,616	4,500	8,136	8,147	11,614	10,554	x	16,555	x	(10)
5,593	4,481	8,108	7,184	11,614	9,585	x	15,644	x	(11)
22,946	26,862	20,381	24,894	26,669	19,963	x	63,428	x	(12)
17,353	22,381	12,273	17,710	15,055	10,378	x	47,784	x	(13)
23	19	28	963	-	969	x	911	x	(14)
27	20	35	2,346	-	1,250	x	5,435	x	(15)
4	1	7	1,383	-	281	x	4,524	x	(16)
24.4	16.7	39.8	28.9	43.5	48.0	x	24.7	x	(17)
12,508	13,595	12,620	16,456	16,540	14,071	x	43,923	x	(18)
54.5	50.6	61.9	66.1	62.0	70.5	x	69.2	x	(19)
10,438	13,267	7,761	8,438	10,129	5,892	x	19,505	x	(20)
1,180	1,007	1,683	2,385	3,519	2,655	x	3,405	x	(21)
1,107	1,057	1,393	1,025	1,514	750	x	1,971	x	(22)
1,285	926	1,966	1,822	914	3,335	x	2,622	x	(23)
477	314	776	1,016	1,632	2,411	x	615	x	(24)
1,744	1,590	2,104	1,859	1,302	3,109	x	2,096	x	(25)
1,066	953	1,208	2,327	2,324	3,540	x	1,728	x	(26)

(2) 海面養殖業（続き）
ア 養殖種類別主産地別（続き）
(ｲ) 使用漁船及び漁業操業状況

区分	単位	ぶり類養殖業			まだい養殖業		
		平均	四国	九州	平均	東海	四国
		(1)	(2)	(3)	(4)	(5)	(6)
使用漁船							
動力船							
隻数 (1)	隻	2.5	3.8	2.8	2.2	1.5	2.5
総トン数 (2)	T	15.93	27.52	19.21	7.89	4.67	8.89
船外機付船隻数 (3)	隻	0.4	－	0.4	0.7	0.5	0.7
無動力船隻数 (4)	〃	－	－	－	－	－	－
養殖施設面積 (5)	㎡	1,368	3,104	2,311	1,505	743	1,945
うち主とする養殖業							
ぶり類養殖業 (6)	〃	1,179	2,734	1,633	72	－	96
まだい養殖業 (7)	〃	77	302	160	1,273	704	1,611
ほたてがい養殖業 (8)	〃	－	－	－	－	－	－
かき類養殖業 (9)	〃	－	－	－	－	－	－
のり類養殖業 (10)	〃	101	－	518	－	－	－
延べ出漁日数 (11)	日	292	347	267	313	282	328
最盛期の漁業従事者数 (12)	人	7.9	7.2	6.6	3.2	2.3	3.6
家族 (13)	〃	1.9	3.2	1.8	2.4	1.5	2.7
雇用者 (14)	〃	6.0	4.0	4.8	0.8	0.8	0.9
延べ労働時間 (15)	時間	5,312	6,146	5,294	3,253	2,208	3,880
海上労働 (16)	〃	4,313	4,956	4,041	2,343	1,693	2,705
家族 (17)	〃	2,335	2,897	1,568	2,054	1,385	2,332
雇用者 (18)	〃	1,978	2,059	2,473	289	308	373
陸上労働 (19)	〃	868	1,017	1,134	767	380	1,032
家族 (20)	〃	563	805	531	639	309	779
雇用者 (21)	〃	305	212	603	128	71	253
企画管理労働 (22)	〃	131	173	119	143	135	143
漁獲量 (23)	kg	74	600	－	－	－	－
収獲量							
ぶり類 (24)	〃	121,203	204,672	126,494	3,390	－	4,469
まだい (25)	〃	3,630	22,332	1,261	72,202	38,674	92,455
ほたてがい（殻付き） (26)	〃	－	－	－	－	－	－
かき類（むき身） (27)	〃	－	－	－	－	－	－
板のり (28)	枚	－	－	－	－	－	－
その他ののり (29)	kg	722	－	3,700	－	－	－

ほたてがい養殖業			かき類養殖業						
平均	北海道	東北	平均	北海道	三陸	東海	瀬戸内	九州	
(7)	(8)	(9)	(10)	(11)	(12)	(13)	(14)	(15)	
1.1	1.1	1.1	1.4	−	1.1	x	2.5	x	(1)
5.21	6.04	4.57	7.73	−	3.63	x	22.14	x	(2)
0.4	0.6	0.2	1.1	3.0	1.9	x	0.2	x	(3)
0.0	−	0.1	−	−	−	x	−	x	(4)
9,052	8,717	8,976	3,313	7,167	3,747	x	6,788	x	(5)
−	−	−	−	−	−	x	−	x	(6)
−	−	−	−	−	−	x	−	x	(7)
8,927	8,494	8,976	−	−	−	x	−	x	(8)
109	180	−	3,313	7,167	3,747	x	6,788	x	(9)
−	−	−	−	−	−	x	−	x	(10)
186	183	193	198	374	215	x	277	x	(11)
10.6	13.5	7.5	6.9	4.7	5.3	x	12.9	x	(12)
2.7	2.7	2.9	2.7	4.7	2.7	x	3.1	x	(13)
7.9	10.8	4.6	4.2	−	2.6	x	9.8	x	(14)
7,172	8,552	5,998	8,851	12,706	4,526	x	20,959	x	(15)
2,739	2,559	2,890	1,960	3,371	1,333	x	4,580	x	(16)
1,827	1,643	2,123	1,317	3,371	917	x	1,943	x	(17)
912	916	767	643	−	416	x	2,637	x	(18)
4,386	5,939	3,064	6,839	9,281	3,142	x	16,293	x	(19)
2,478	3,143	1,958	2,574	9,281	1,906	x	3,938	x	(20)
1,908	2,796	1,106	4,265	−	1,236	x	12,355	x	(21)
47	54	44	52	54	51	x	86	x	(22)
799	342	1,542	2,680	9,197	61,366	x	−	x	(23)
−	−	−	−	−	−	x	−	x	(24)
−	−	−	−	−	−	x	−	x	(25)
83,252	76,928	103,804	−	−	−	x	−	x	(26)
142	245	−	23,623	6,081	11,578	x	69,040	x	(27)
−	−	−	−	−	−	x	−	x	(28)
−	−	−	−	−	−	x	−	x	(29)

(2) 海面養殖業（続き）

ア 養殖種類別主産地別（続き）

(イ) 使用漁船及び漁業操業状況（続き）

区分	単位	のり類養殖業 平均	東京湾	東海	有明海
		(16)	(17)	(18)	(19)
使用漁船					
動力船					
隻数 (1)	隻	0.9	–	0.4	1.3
総トン数 (2)	T	3.90	–	1.36	5.57
船外機付船隻数 (3)	隻	2.7	4.7	3.3	1.9
無動力船隻数 (4)	〃	0.9	–	–	1.5
養殖施設面積 (5)	㎡	14,226	4,520	11,790	19,815
うち主とする養殖業					
ぶり類養殖業 (6)	〃	–	–	–	–
まだい養殖業 (7)	〃	–	–	–	–
ほたてがい養殖業 (8)	〃	–	–	–	–
かき類養殖業 (9)	〃	–	–	–	–
のり類養殖業 (10)	〃	14,226	4,520	11,790	19,815
延べ出漁日数 (11)	日	170	175	142	169
最盛期の漁業従事者数 (12)	人	5.5	4.0	6.2	5.7
家族 (13)	〃	2.7	3.3	2.3	3.0
雇用者 (14)	〃	2.8	0.7	3.9	2.7
延べ労働時間 (15)	時間	4,103	3,679	4,271	4,651
海上労働 (16)	〃	2,198	1,614	2,395	2,396
家族 (17)	〃	1,601	1,312	1,402	1,784
雇用者 (18)	〃	597	302	993	612
陸上労働 (19)	〃	1,853	2,034	1,819	2,200
家族 (20)	〃	1,608	1,407	1,626	1,924
雇用者 (21)	〃	245	627	193	276
企画管理労働 (22)	〃	52	31	57	55
漁獲量 (23)	kg	657	897	1,435	91
収獲量					
ぶり類 (24)	〃	–	–	–	–
まだい (25)	〃	–	–	–	–
ほたてがい（殻付き） (26)	〃	–	–	–	–
かき類（むき身） (27)	〃	–	–	–	–
板のり (28)	枚	2,352,451	1,322,765	2,476,405	2,785,280
その他ののり (29)	kg	558	–	1,541	295

(2) 海面養殖業（続き）
ア 養殖種類別主産地別（続き）
(ｳ) 財産

単位：千円

区分			ぶり類養殖業			まだい養殖業		
			平均	四国	九州	平均	東海	四国
			(1)	(2)	(3)	(4)	(5)	(6)
資産合計	(期首)	(1)	118,207	176,223	141,639	83,246	42,468	101,166
	(期末)	(2)	111,683	193,849	115,090	88,604	38,824	111,356
流動資産	(期首)	(3)	107,196	153,949	133,999	72,377	28,162	91,327
	(期末)	(4)	98,585	157,342	108,147	77,780	24,991	101,279
固定資産合計	(期首)	(5)	11,011	22,274	7,640	10,869	14,306	9,839
	(期末)	(6)	13,098	36,507	6,943	10,824	13,833	10,077
土地	(期首)	(7)	1,655	5,491	281	3,191	7,776	1,777
	(期末)	(8)	1,655	5,491	281	3,191	7,776	1,777
建物・構築物	(期首)	(9)	3,661	4,284	2,173	4,355	4,132	4,319
	(期末)	(10)	3,377	4,097	1,979	4,069	3,810	4,049
船舶	(期首)	(11)	2,001	5,851	2,259	131	37	136
	(期末)	(12)	3,863	17,001	1,642	144	37	169
漁網・はえ縄	(期首)	(13)	5	43	-	-	-	-
	(期末)	(14)	4	32	-	88	-	119
養殖施設	(期首)	(15)	2,222	4,433	1,471	1,970	1,359	2,335
	(期末)	(16)	1,946	5,495	1,192	1,604	1,194	1,894
漁業権	(期首)	(17)	363	-	520	-	-	-
	(期末)	(18)	1,036	-	1,218	-	-	-
その他	(期首)	(19)	1,104	2,172	936	1,222	1,002	1,272
	(期末)	(20)	1,217	4,391	631	1,728	1,016	2,069
負債合計	(期首)	(21)	77,299	75,280	124,416	44,133	20,467	60,452
	(期末)	(22)	86,308	97,686	127,895	38,862	17,096	54,092
借入金	(期首)	(23)	49,728	31,760	86,242	33,428	19,444	43,140
	(期末)	(24)	47,285	34,717	82,444	28,585	15,918	37,513
その他	(期首)	(25)	27,571	43,520	38,174	10,705	1,023	17,312
	(期末)	(26)	39,023	62,969	45,451	10,277	1,178	16,579

（2）　海面養殖業（続き）

ア　養殖種類別主産地別（続き）

(ｳ)　財産(続き)

区分			ほたてがい養殖業			かき類		
			平均	北海道	東北	平均	北海道	三陸
			(7)	(8)	(9)	(10)	(11)	(12)
資産合計	(期首)	(1)	75,215	68,784	80,959	34,265	26,163	37,565
	(期末)	(2)	77,447	67,565	87,837	34,211	24,975	37,079
流動資産	(期首)	(3)	60,598	51,573	68,299	20,164	18,675	19,309
	(期末)	(4)	63,747	52,285	75,919	20,050	18,817	19,290
固定資産合計	(期首)	(5)	14,617	17,211	12,660	14,101	7,488	18,256
	(期末)	(6)	13,700	15,280	11,918	14,161	6,158	17,789
土地	(期首)	(7)	1,872	1,203	2,351	2,458	-	2,209
	(期末)	(8)	1,872	1,203	2,351	2,462	-	2,317
建物・構築物	(期首)	(9)	2,906	4,557	1,071	7,499	2,140	13,185
	(期末)	(10)	3,183	4,066	1,469	7,047	1,927	12,122
船舶	(期首)	(11)	5,542	6,786	6,003	1,234	1,948	772
	(期末)	(12)	4,601	5,440	5,088	1,948	1,589	1,957
漁網・はえ縄	(期首)	(13)	-	-	-	2	-	48
	(期末)	(14)	-	-	-	-	-	-
養殖施設	(期首)	(15)	221	193	249	1,082	-	678
	(期末)	(16)	146	85	206	888	-	314
漁業権	(期首)	(17)	-	-	-	-	-	-
	(期末)	(18)	-	-	-	-	-	-
その他	(期首)	(19)	4,076	4,472	2,986	1,826	3,400	1,364
	(期末)	(20)	3,898	4,486	2,804	1,816	2,642	1,079
負債合計	(期首)	(21)	4,344	6,580	3,472	12,149	31,342	8,947
	(期末)	(22)	3,562	5,581	2,685	13,296	30,667	9,070
借入金	(期首)	(23)	4,088	6,138	3,467	11,397	27,994	8,947
	(期末)	(24)	3,445	5,357	2,685	12,183	28,043	9,070
その他	(期首)	(25)	256	442	5	752	3,348	-
	(期末)	(26)	117	224	-	1,113	2,624	-

(ｴ)　漁業投下固定資本

区分		ぶり類養殖業			まだい養殖業		
		平均	四国	九州	平均	東海	四国
		(1)	(2)	(3)	(4)	(5)	(6)
漁業投下固定資本合計	(1)	7,112	14,888	7,564	4,427	2,233	5,321
土地	(2)	394	992	281	356	-	616
建物・構築物	(3)	1,474	2,359	1,427	983	11	1,196
船舶	(4)	2,184	5,851	3,212	131	37	136
漁網・はえ縄	(5)	5	43	-	-	-	-
養殖施設	(6)	2,272	4,433	1,527	1,970	1,359	2,335
漁業権	(7)	363	-	520	-	-	-
その他	(8)	420	1,210	597	987	826	1,038

区分		のり類養殖業			
		平均	東京湾	東海	有明海
		(16)	(17)	(18)	(19)
漁業投下固定資本合計	(1)	17,350	5,753	7,960	25,345
土地	(2)	2,117	2,805	304	2,742
建物・構築物	(3)	3,348	128	2,207	5,065
船舶	(4)	3,226	2,340	1,261	4,286
漁網・はえ縄	(5)	11	-	-	18
養殖施設	(6)	346	-	681	440
漁業権	(7)	-	-	-	-
その他	(8)	8,302	480	3,507	12,794

単位：千円

養殖業			のり類養殖業				
東海	瀬戸内	九州	平均	東京湾	東海	有明海	
(13)	(14)	(15)	(16)	(17)	(18)	(19)	
x	55,017	x	46,073	48,065	41,889	51,350	(1)
x	56,815	x	46,954	47,069	45,589	52,634	(2)
x	24,724	x	20,083	25,367	27,748	17,639	(3)
x	22,840	x	18,965	24,700	23,000	17,353	(4)
x	30,293	x	25,990	22,698	14,141	33,711	(5)
x	33,975	x	27,989	22,369	22,589	35,281	(6)
x	5,245	x	6,206	8,763	4,693	6,251	(7)
x	5,245	x	6,206	8,763	4,693	6,251	(8)
x	13,164	x	7,811	10,219	3,747	10,086	(9)
x	13,479	x	7,625	9,705	4,845	9,849	(10)
x	3,524	x	3,122	2,340	1,261	4,082	(11)
x	6,348	x	4,064	3,076	1,822	6,259	(12)
x	−	x	11	−	−	18	(13)
x	−	x	16	−	−	27	(14)
x	2,265	x	356	−	681	459	(15)
x	2,089	x	244	−	483	265	(16)
x	−	x	−	−	−	−	(17)
x	−	x	−	−	−	−	(18)
x	6,095	x	8,484	1,376	3,759	12,815	(19)
x	6,814	x	9,834	825	10,746	12,630	(20)
x	28,985	x	8,367	−	4,918	11,789	(21)
x	36,829	x	8,857	−	7,637	11,524	(22)
x	26,699	x	8,062	−	4,597	11,479	(23)
x	32,506	x	8,631	−	7,437	11,240	(24)
x	2,286	x	305	−	321	310	(25)
x	4,323	x	226	−	200	284	(26)

単位：千円

ほたてがい養殖業			かき類養殖業						
平均	北海道	東北	平均	北海道	三陸	東海	瀬戸内	九州	
(7)	(8)	(9)	(10)	(11)	(12)	(13)	(14)	(15)	
11,734	14,268	10,446	7,073	7,116	3,975	x	25,421	x	(1)
586	858	444	433	−	133	x	1,887	x	(2)
1,600	2,423	827	2,618	1,768	1,722	x	11,970	x	(3)
5,539	6,782	6,002	1,213	1,948	772	x	3,423	x	(4)
−	−	−	2	−	48	x	−	x	(5)
221	193	249	1,082	−	678	x	2,265	x	(6)
−	−	−	−	−	−	x	−	x	(7)
3,788	4,012	2,924	1,725	3,400	622	x	5,876	x	(8)

(2) 海面養殖業（続き）
ア 養殖種類別主産地別（続き）
(ｵ) 収入

区分	ぶり類養殖業			まだい養殖業		
	平均	四国	九州	平均	東海	四国
	(1)	(2)	(3)	(4)	(5)	(6)
事業収入合計 (1)	134,017	248,598	119,986	87,993	42,764	113,970
漁労収入合計 (2)	133,688	247,867	119,966	87,938	42,764	113,894
漁業生産物収入 (3)	277	2,254	-	-	-	-
うち直売所・自家販売 (4)	277	2,254	-	-	-	-
養殖業生産物収入 (5)	125,843	232,524	115,461	87,132	42,638	112,684
うち直売所・自家販売 (6)	8,089	65,852	-	-	-	-
うち 主とする養殖業						
ぶり類養殖業 (7)	118,866	186,355	113,656	2,814	-	3,708
まだい養殖業 (8)	3,932	24,950	1,135	71,722	34,861	93,884
ほたてがい養殖業 (9)	-	-	-	-	-	-
かき類養殖業 (10)	-	-	-	-	-	-
のり類養殖業 (11)	91	-	466	-	-	-
補助・補償金（漁業） (12)	7,568	13,089	4,505	806	126	1,210
漁労外事業収入計 (13)	329	731	20	55	-	76
水産加工業 (14)	-	-	-	-	-	-
民宿 (15)	-	-	-	-	-	-
遊漁船業 (16)	-	-	-	-	-	-
その他 (17)	329	731	20	55	-	76
補助・補償金（その他） (18)	-	-	-	-	-	-
（参考）補助・補償金合計 (19)	7,568	13,089	4,505	806	126	1,210
漁業 (20)	7,568	13,089	4,505	806	126	1,210
その他 (21)	-	-	-	-	-	-

区分	のり類養殖業			
	平均	東京湾	東海	有明海
	(16)	(17)	(18)	(19)
事業収入合計 (1)	32,421	17,083	30,908	39,406
漁労収入合計 (2)	31,822	17,083	30,611	38,554
漁業生産物収入 (3)	498	305	1,915	46
うち直売所・自家販売 (4)	10	-	-	20
養殖業生産物収入 (5)	30,972	16,778	28,574	38,027
うち直売所・自家販売 (6)	5	-	-	9
うち 主とする養殖業				
ぶり類養殖業 (7)	-	-	-	-
まだい養殖業 (8)	-	-	-	-
ほたてがい養殖業 (9)	-	-	-	-
かき類養殖業 (10)	-	-	-	-
のり類養殖業 (11)	30,972	16,778	28,574	38,027
補助・補償金（漁業） (12)	352	-	122	481
漁労外事業収入計 (13)	599	-	297	852
水産加工業 (14)	-	-	-	-
民宿 (15)	-	-	-	-
遊漁船業 (16)	-	-	-	-
その他 (17)	331	-	297	417
補助・補償金（その他） (18)	268	-	-	435
（参考）補助・補償金合計 (19)	620	-	122	916
漁業 (20)	352	-	122	481
その他 (21)	268	-	-	435

単位：千円

ほたてがい養殖業			かき類養殖業						
平均	北海道	東北	平均	北海道	三陸	東海	瀬戸内	九州	
(7)	(8)	(9)	(10)	(11)	(12)	(13)	(14)	(15)	
22,973	26,882	20,416	27,240	26,669	21,213	x	68,863	x	(1)
22,946	26,862	20,381	24,894	26,669	19,963	x	63,428	x	(2)
948	496	1,405	589	4,934	8,597	x	–	x	(3)
21	–	56	3	70	–	x	–	x	(4)
20,578	24,523	18,244	22,988	21,631	11,344	x	57,363	x	(5)
37	80	10	5,236	7,095	1,805	x	9,696	x	(6)
–	–	–	–	–	–	x	–	x	(7)
–	–	–	–	–	–	x	–	x	(8)
20,349	24,110	18,244	–	–	–	x	–	x	(9)
195	324	–	22,988	21,631	11,344	x	57,363	x	(10)
–	–	–	–	–	–	x	–	x	(11)
1,420	1,843	732	1,317	104	22	x	6,065	x	(12)
27	20	35	2,346	–	1,250	x	5,435	x	(13)
–	–	–	162	–	–	x	747	x	(14)
–	–	–	–	–	–	x	–	x	(15)
4	–	8	802	–	–	x	–	x	(16)
23	20	27	1,382	–	1,250	x	4,688	x	(17)
–	–	–	–	–	–	x	–	x	(18)
1,420	1,843	732	1,317	104	22	x	6,065	x	(19)
1,420	1,843	732	1,317	104	22	x	6,065	x	(20)
–	–	–	–	–	–	x	–	x	(21)

(2) 海面養殖業（続き）
ア 養殖種類別主産地別（続き）
(カ) 支出

区分	ぶり類養殖業			まだい養殖業		
	平均	四国	九州	平均	東海	四国
	(1)	(2)	(3)	(4)	(5)	(6)
事業支出合計 (1)	123,492	215,749	112,953	70,182	34,607	90,980
漁労支出合計 (2)	123,378	215,513	112,951	70,129	34,607	90,908
期首期末棚卸増減 (3)	9,229	7,963	3,777	△ 2,361	994	△ 3,356
雇用労賃 (4)	4,023	6,478	4,041	1,072	706	1,449
漁船・漁具費 (5)	760	2,719	1,461	662	300	990
油費 (6)	1,447	2,469	1,618	606	334	691
えさ代 (7)	69,075	133,181	64,130	52,133	22,744	68,788
種苗代 (8)	20,323	35,826	23,121	7,818	4,304	9,571
修繕費 (9)	1,352	3,551	1,580	701	461	738
販売手数料 (10)	1,489	4,141	2,456	1,268	39	1,783
負債利子 (11)	1,176	281	1,942	536	625	581
租税公課諸負担 (12)	2,247	3,725	1,252	1,836	631	2,602
その他 (13)	9,844	9,502	4,834	4,224	2,580	5,103
減価償却費計 (14)	2,413	5,677	2,739	1,634	889	1,968
建物・構築物 (15)	124	262	124	66	2	81
船舶 (16)	867	2,777	1,016	212	-	276
漁網・はえ縄 (17)	1	11	-	2	-	3
養殖施設 (18)	1,124	2,079	1,144	952	656	1,144
漁業権 (19)	117	-	184	-	-	-
その他 (20)	180	548	271	402	231	464
漁労外事業支出 (21)	114	236	2	53	-	72

区分	のり類養殖業			
	平均	東京湾	東海	有明海
	(16)	(17)	(18)	(19)
事業支出合計 (1)	20,742	10,493	21,778	23,998
漁労支出合計 (2)	20,552	10,493	21,590	23,744
期首期末棚卸増減 (3)	△ 2	-	△ 1	△ 3
雇用労賃 (4)	2,127	1,012	3,650	2,135
漁船・漁具費 (5)	678	1,436	2,215	210
油費 (6)	2,174	1,173	2,454	2,476
えさ代 (7)	31	132	-	46
種苗代 (8)	177	295	194	166
修繕費 (9)	2,170	609	2,004	2,685
販売手数料 (10)	1,273	1,125	1,996	1,243
負債利子 (11)	58	-	29	78
租税公課諸負担 (12)	1,162	568	1,089	1,323
その他 (13)	7,109	3,205	5,563	8,482
減価償却費計 (14)	3,595	938	2,397	4,903
建物・構築物 (15)	356	26	353	495
船舶 (16)	962	592	518	1,135
漁網・はえ縄 (17)	3	-	-	5
養殖施設 (18)	156	-	292	187
漁業権 (19)	-	-	-	-
その他 (20)	2,118	320	1,234	3,081
漁労外事業支出 (21)	190	-	188	254

単位：千円

ほたてがい養殖業			かき類養殖業						
平均	北海道	東北	平均	北海道	三陸	東海	瀬戸内	九州	
(7)	(8)	(9)	(10)	(11)	(12)	(13)	(14)	(15)	
17,357	22,382	12,280	19,093	15,055	10,659	x	52,308	x	(1)
17,353	22,381	12,273	17,710	15,055	10,378	x	47,784	x	(2)
1,088	1,606	141	△ 82	92	△ 8	x	△ 624	x	(3)
3,315	4,703	2,021	5,707	-	2,616	x	17,774	x	(4)
1,674	1,913	1,369	677	600	321	x	1,295	x	(5)
841	1,034	623	590	658	450	x	1,275	x	(6)
-	-	-	-	-	-	x	-	x	(7)
111	248	-	1,350	3,942	605	x	1,706	x	(8)
1,409	1,998	651	862	282	693	x	2,237	x	(9)
1,347	1,441	1,359	624	575	647	x	653	x	(10)
47	48	57	67	314	20	x	256	x	(11)
985	1,367	593	569	276	334	x	1,487	x	(12)
3,698	4,136	3,440	5,370	6,780	2,787	x	16,309	x	(13)
2,838	3,887	2,019	1,976	1,536	1,913	x	5,416	x	(14)
269	298	209	179	143	130	x	775	x	(15)
1,090	1,617	915	759	512	898	x	2,513	x	(16)
-	-	-	2	-	48	x	-	x	(17)
75	108	43	658	-	369	x	1,527	x	(18)
-	-	-	-	-	-	x	-	x	(19)
1,404	1,864	852	378	881	468	x	601	x	(20)
4	1	7	1,383	-	281	x	4,524	x	(21)

(2)　海面養殖業（続き）
イ　養殖部門別

区分	単位	ぶり類養殖業			まだい養殖業		
		平均	四国	九州	平均	東海	四国
		(1)	(2)	(3)	(4)	(5)	(6)
集計経営体数 (1)	経営体	10	5	5	14	4	10
養殖施設面積							
ぶり類養殖 (2)	㎡	2, 183	2, 734	1, 633	−	−	−
まだい養殖 (3)	〃	−	−	−	1, 352	704	1, 611
ほたてがい養殖 (4)	〃	−	−	−	−	−	−
かき類養殖 (5)	〃	−	−	−	−	−	−
のり類養殖 (6)	〃	−	−	−	−	−	−
操業状況							
出漁日数 (7)	日	285	307	263	310	266	327
延べ労働時間 (8)	時間	4, 982	5, 343	4, 620	2, 845	1, 735	3, 288
海上労働 (9)	〃	4, 026	4, 412	3, 641	2, 083	1, 400	2, 355
家族 (10)	〃	1, 961	2, 511	1, 411	1, 820	1, 149	2, 088
雇用者 (11)	〃	2, 065	1, 901	2, 230	263	251	267
陸上労働 (12)	〃	956	931	979	762	335	933
家族 (13)	〃	576	719	432	593	278	719
雇用者 (14)	〃	380	212	547	169	57	214
収獲量							
ぶり類 (15)	kg	165, 583	204, 672	126, 494	−	−	−
まだい (16)	〃	−	−	−	77, 089	38, 674	92, 455
ほたてがい（殻付き） (17)	〃	−	−	−	−	−	−
かき類（むき身） (18)	〃	−	−	−	−	−	−
板のり (19)	枚	−	−	−	−	−	−
その他ののり (20)	kg	−	−	−	−	−	−
漁労収入（養殖業生産物収入） (21)	千円	150, 005	186, 355	113, 656	77, 020	34, 861	93, 884
漁労支出合計 (22)	〃	125, 233	138, 198	112, 268	62, 639	28, 696	76, 217
期首期末棚卸増減 (23)	〃	4, 716	5, 656	3, 777	△ 1, 998	522	△ 3, 005
雇用労賃 (24)	〃	4, 650	5, 291	4, 009	914	706	997
漁船・漁具費 (25)	〃	1, 912	2, 363	1, 461	715	276	891
油費 (26)	〃	1, 882	2, 165	1, 599	460	319	516
えさ代 (27)	〃	65, 781	67, 537	64, 024	46, 993	18, 588	58, 355
種苗代 (28)	〃	28, 197	33, 273	23, 121	6, 495	3, 570	7, 665
修繕費 (29)	〃	2, 317	3, 209	1, 425	551	454	590
販売手数料 (30)	〃	2, 725	3, 027	2, 423	1, 046	24	1, 455
負債利子 (31)	〃	1, 041	174	1, 907	488	491	486
租税公課諸負担 (32)	〃	1, 901	2, 585	1, 218	1, 803	611	2, 280
その他の漁労支出 (33)	〃	6, 236	7, 735	4, 737	3, 683	2, 310	4, 232
減価償却費 (34)	〃	3, 875	5, 183	2, 567	1, 489	825	1, 755
漁業投下固定資本 (35)	〃	8, 852	12, 145	5, 561	3, 816	2, 035	4, 529

ほたてがい養殖業			かき類養殖業						
平均	北海道	東北	平均	北海道	三陸	東海	瀬戸内	九州	
(7)	(8)	(9)	(10)	(11)	(12)	(13)	(14)	(15)	
32	16	16	24	3	7	2	10	2	(1)
-	-	-	-	-	-	x	-	x	(2)
-	-	-	-	-	-	x	-	x	(3)
8, 735	8, 494	8, 976	-	-	-	x	-	x	(4)
-	-	-	5, 062	7, 167	3, 747	x	6, 788	x	(5)
-	-	-	-	-	-	x	-	x	(6)
171	164	177	230	325	183	x	277	x	(7)
6, 844	8, 127	5, 563	11, 776	11, 868	3, 965	x	20, 840	x	(8)
2, 578	2, 435	2, 722	2, 670	2, 787	903	x	4, 580	x	(9)
1, 775	1, 547	2, 003	1, 522	2, 787	783	x	1, 943	x	(10)
803	888	719	1, 148	-	120	x	2, 637	x	(11)
4, 266	5, 692	2, 841	9, 106	9, 081	3, 062	x	16, 260	x	(12)
2, 345	2, 914	1, 776	3, 498	9, 081	1, 880	x	3, 936	x	(13)
1, 921	2, 778	1, 065	5, 608	-	1, 182	x	12, 324	x	(14)
-	-	-	-	-	-	x	-	x	(15)
-	-	-	-	-	-	x	-	x	(16)
90, 366	76, 928	103, 804	-	-	-	x	-	x	(17)
-	-	-	33, 084	6, 081	11, 578	x	69, 040	x	(18)
-	-	-	-	-	-	x	-	x	(19)
-	-	-	-	-	-	x	-	x	(20)
21, 177	24, 110	18, 244	30, 551	21, 631	11, 344	x	57, 363	x	(21)
15, 898	20, 500	11, 293	24, 626	13, 367	7, 941	x	47, 785	x	(22)
854	1, 567	141	△ 252	91	△ 11	x	△ 624	x	(23)
3, 093	4, 384	1, 801	8, 041	-	1, 676	x	17, 774	x	(24)
1, 427	1, 649	1, 205	683	530	224	x	1, 295	x	(25)
754	934	573	747	576	377	x	1, 275	x	(26)
-	-	-	-	-	-	x	-	x	(27)
119	238	-	1, 415	3, 840	604	x	1, 706	x	(28)
1, 222	1, 836	608	1, 242	249	537	x	2, 237	x	(29)
1, 338	1, 407	1, 268	496	402	565	x	653	x	(30)
49	43	54	143	252	17	x	256	x	(31)
944	1, 337	551	723	206	195	x	1, 487	x	(32)
3, 394	3, 591	3, 198	8, 377	5, 891	2, 126	x	16, 309	x	(33)
2, 704	3, 514	1, 894	3, 011	1, 330	1, 631	x	5, 417	x	(34)
11, 678	13, 399	9, 958	12, 431	6, 305	2, 742	x	25, 421	x	(35)

(2) 海面養殖業（続き）
イ 養殖部門別（続き）

区分	単位	のり類養殖業			
		平均	東京湾	東海	有明海
		(16)	(17)	(18)	(19)
集計経営体数 (1)	経営体	22	3	8	11
養殖施設面積					
ぶり類養殖 (2)	m²	－	－	－	－
まだい養殖 (3)	〃	－	－	－	－
ほたてがい養殖 (4)	〃	－	－	－	－
かき類養殖 (5)	〃	－	－	－	－
のり類養殖 (6)	〃	14,811	4,520	11,790	19,815
操業状況					
出漁日数 (7)	日	152	159	132	164
延べ労働時間 (8)	時間	4,133	3,421	3,818	4,556
海上労働 (9)	〃	2,143	1,509	2,071	2,368
家族 (10)	〃	1,493	1,207	1,238	1,756
雇用者 (11)	〃	650	302	833	612
陸上労働 (12)	〃	1,990	1,912	1,747	2,188
家族 (13)	〃	1,707	1,285	1,582	1,912
雇用者 (14)	〃	283	627	165	276
収獲量					
ぶり類 (15)	kg	－	－	－	－
まだい (16)	〃	－	－	－	－
ほたてがい（殻付き） (17)	〃	－	－	－	－
かき類（むき身） (18)	〃	－	－	－	－
板のり (19)	枚	2,473,528	1,322,765	2,476,405	2,785,280
その他ののり (20)	kg	708	－	1,541	295
漁労収入（養殖業生産物収入） (21)	千円	31,692	16,778	28,574	38,027
漁労支出合計 (22)	〃	20,029	10,231	19,603	23,011
期首期末棚卸増減 (23)	〃	△ 2	－	△ 1	△ 3
雇用労賃 (24)	〃	2,331	1,012	3,106	2,127
漁船・漁具費 (25)	〃	1,012	1,359	2,013	189
油費 (26)	〃	2,198	1,151	2,232	2,458
えさ代 (27)	〃	41	132	－	46
種苗代 (28)	〃	193	295	194	165
修繕費 (29)	〃	2,041	588	1,726	2,667
販売手数料 (30)	〃	1,434	1,109	1,880	1,198
負債利子 (31)	〃	48	－	27	76
租税公課諸負担 (32)	〃	1,031	550	959	1,214
その他の漁労支出 (33)	〃	6,294	3,138	5,144	7,991
減価償却費 (34)	〃	3,408	897	2,323	4,883
漁業投下固定資本 (35)	〃	15,892	5,441	7,709	24,692

2　会社経営体調査

(1) 経営体階層別

ア 概要及び分析指標

区分		単位	漁船			
			平均	10～20T未満	20～50	50～100
			(1)	(2)	(3)	(4)
集計経営体数	(1)	経営体	118	19	10	22
漁業経営の概要						
使用動力船総トン数	(2)	T	219.90	17.91	35.59	69.82
養殖施設面積	(3)	㎡	4	-	-	-
出漁日数	(4)	日	258	169	169	146
最盛期の従事者数	(5)	人	19.4	6.9	7.8	14.0
漁獲量	(6)	t	2,048	1,575	137	949
漁業投下固定資本	(7)	千円	143,073	16,063	26,960	89,043
漁労売上総利益	(8)	〃	33,086	12,856	13,211	23,106
漁労利益	(9)	〃	△ 27,666	△ 5,492	△ 7,173	△ 9,326
漁労売上高	(10)	〃	331,956	68,846	64,632	135,569
漁労売上原価	(11)	〃	298,870	55,990	51,421	112,463
漁労販売費及び一般管理費	(12)	〃	60,752	18,348	20,384	32,432
漁労外売上総利益	(13)	〃	36,095	6,840	11,148	15,363
漁労外利益	(14)	〃	30,483	5,129	1,353	11,186
漁労外売上高	(15)	〃	65,640	8,498	25,461	38,607
漁労外売上原価	(16)	〃	29,545	1,658	14,313	23,244
漁労外販売費及び一般管理費	(17)	〃	5,612	1,711	9,795	4,177
売上総利益	(18)	〃	69,181	19,696	24,359	38,469
営業利益	(19)	〃	2,817	△ 363	△ 5,820	1,860
営業外収益	(20)	〃	14,310	1,572	3,531	4,652
営業外費用	(21)	〃	3,921	535	488	1,915
経常利益	(22)	〃	13,206	674	△ 2,777	4,597
特別利益	(23)	〃	8,128	678	4,135	1,490
特別損失	(24)	〃	10,882	1,144	1,472	6,180
税引前当期純利益	(25)	〃	10,452	208	△ 114	△ 93
法人税、住民税及び事業税	(26)	〃	5,177	660	696	954
当期純利益	(27)	〃	5,275	△ 452	△ 810	△ 1,047
分析指標						
総資本利益率	(28)	%	1.2	nc	nc	nc
漁業投下資本利益率	(29)	〃	nc	nc	nc	nc
自己資本利益率	(30)	〃	4.1	nc	nc	nc
総資本回転率	(31)	回	0.9	1.2	1.1	1.0
自己資本回転率	(32)	〃	3.1	11.8	5.5	nc
売上総利益率	(33)	%	10.0	18.7	20.4	17.0
売上利益率	(34)	〃	nc	nc	nc	nc
付加価値生産性	(35)	千円	8,329	5,707	4,705	5,854
資本装備率	(36)	〃	7,375	2,328	3,456	6,360
労賃率	(37)	%	33.5	34.1	34.7	38.1
労働1人当たり労賃	(38)	千円	5,724	3,407	2,878	3,689
固定比率	(39)	%	178.7	466.9	253.8	nc
流動比率	(40)	〃	142.0	121.7	150.7	107.7
自己資本比率	(41)	〃	27.6	9.9	21.3	nc
固定長期適合比率	(42)	〃	76.5	82.7	77.8	90.7

注：養殖業による収獲物は、漁獲量に含まれる。

漁業					海面養殖業		
100 ～ 200	200 ～ 500	500 T 以上			ぶり類養殖業	まだい養殖業	
			500 ～ 1,000	1,000 T 以上			
(5)	(6)	(7)	(8)	(9)	(10)	(11)	
34	11	22	11	11	11	10	(1)
142.92	358.36	1,397.56	786.97	2,008.14	49.69	25.60	(2)
26	-	-	-	-	3,551	5,110	(3)
226	281	809	454	1,164	397	452	(4)
18.5	34.4	76.0	48.9	103.0	9.2	6.7	(5)
1,889	4,997	8,875	5,833	11,916	460	246	(6)
107,598	214,674	803,817	531,173	1,076,464	54,156	33,934	(7)
51,439	126,678	63,058	47,301	78,816	37,194	30,613	(8)
△ 17,560	△ 16,392	△ 155,563	△ 85,156	△ 225,969	4,312	8,578	(9)
306,833	692,437	1,737,686	855,901	2,619,471	459,185	231,278	(10)
255,394	565,759	1,674,628	808,600	2,540,655	421,991	200,665	(11)
68,999	143,070	218,621	132,457	304,785	32,882	22,035	(12)
25,293	26,421	209,457	101,581	317,334	15,358	10,718	(13)
23,637	26,381	179,349	100,509	258,190	14,759	9,663	(14)
33,187	35,248	386,722	103,242	670,202	25,748	25,214	(15)
7,894	8,827	177,265	1,661	352,868	10,390	14,496	(16)
1,656	40	30,108	1,072	59,144	599	1,055	(17)
76,732	153,099	272,515	148,882	396,150	52,552	41,331	(18)
6,077	9,989	23,786	15,353	32,221	19,071	18,241	(19)
15,410	29,162	70,839	73,086	68,591	2,130	1,504	(20)
2,533	7,537	18,438	13,060	23,817	7,380	3,664	(21)
18,954	31,614	76,187	75,379	76,995	13,821	16,081	(22)
766	7,027	48,851	10,566	87,136	1,724	3,651	(23)
3,244	7,077	69,225	55,966	82,483	513	2,603	(24)
16,476	31,564	55,813	29,979	81,648	15,032	17,129	(25)
4,036	8,266	28,030	11,154	44,906	1,588	448	(26)
12,440	23,298	27,783	18,825	36,742	13,444	16,681	(27)
3.5	3.1	1.0	1.3	1.0	2.3	6.2	(28)
nc	nc	nc	nc	nc	1.6	6.1	(29)
9.1	9.6	3.0	4.1	2.6	56.3	nc	(30)
1.0	1.0	0.8	0.6	0.9	0.8	1.0	(31)
2.5	3.0	2.3	2.1	2.3	20.3	nc	(32)
16.8	18.3	3.6	5.5	3.0	8.1	13.2	(33)
nc	nc	nc	nc	nc	0.9	3.7	(34)
9,420	11,000	9,854	7,964	10,761	9,144	7,068	(35)
5,816	6,241	10,577	10,862	10,451	5,887	5,065	(36)
36.3	31.0	32.8	34.2	32.4	4.6	5.0	(37)
6,016	6,239	7,501	5,983	8,229	2,295	1,716	(38)
130.9	130.7	140.3	172.8	129.9	570.3	nc	(39)
231.5	190.3	152.6	140.9	157.3	121.3	139.7	(40)
36.5	31.3	34.2	29.7	35.9	2.9	nc	(41)
61.8	59.3	72.7	78.4	70.6	53.3	44.9	(42)

(1) 経営体階層別（続き）
イ 使用漁船及び漁業操業状況

区分		単位	漁船			
			平均	10～20T未満	20～50	50～100
			(1)	(2)	(3)	(4)
使用漁船						
動力船						
隻数	(1)	隻	3.0	1.3	3.0	4.5
総トン数	(2)	T	219.90	17.91	35.59	69.82
船外機付船隻数	(3)	隻	0.3	-	0.4	0.3
無動力船隻数	(4)	〃	0.1	-	-	0.0
養殖施設面積	(5)	m^2	4	-	-	-
出漁日数	(6)	日	258	169	169	146
最盛期の従事者数	(7)	人	19.4	6.9	7.8	14.0
漁獲量	(8)	t	2,048	1,575	137	949

注：養殖業による収獲物は、漁獲量に含まれる。

ウ 財産
(ア) 資産

区分			漁船			
			平均	10～20T未満	20～50	50～100
			(1)	(2)	(3)	(4)
資産合計	(期首)	(1)	454,968	68,531	79,064	169,182
	(期末)	(2)	460,084	64,804	87,619	166,991
流動資産	(期首)	(3)	229,902	36,960	36,278	59,930
	(期末)	(4)	228,726	37,203	33,168	56,616
固定資産合計	(期首)	(5)	224,325	31,570	42,779	103,030
	(期末)	(6)	230,528	27,600	54,451	106,205
有形固定資産合計	(期首)	(7)	168,948	16,756	31,651	82,299
	(期末)	(8)	168,765	12,610	43,097	85,587
土地	(期首)	(9)	41,085	217	2,806	9,383
	(期末)	(10)	41,885	217	2,806	9,548
建物・構築物	(期首)	(11)	24,674	1,499	11,591	9,816
	(期末)	(12)	21,387	1,351	10,456	9,666
船舶	(期首)	(13)	86,989	9,906	13,062	59,695
	(期末)	(14)	73,104	6,578	26,284	59,235
漁網・はえ縄	(期首)	(15)	6,899	1,795	351	5,432
	(期末)	(16)	6,160	1,351	450	5,055
その他	(期首)	(17)	9,301	3,339	3,841	△ 2,027
	(期末)	(18)	26,229	3,113	3,101	2,083
無形固定資産合計	(期首)	(19)	3,335	104	1,285	360
	(期末)	(20)	2,939	98	1,135	370
漁業権	(期首)	(21)	3,120	89	1,263	160
	(期末)	(22)	2,703	83	1,113	160
その他	(期首)	(23)	215	15	22	200
	(期末)	(24)	236	15	22	210
投資その他の資産	(期首)	(25)	52,042	14,710	9,843	20,371
	(期末)	(26)	58,824	14,892	10,219	20,248
繰延資産	(期首)	(27)	741	1	7	6,222
	(期末)	(28)	830	1	-	4,170

漁		業			海　面　養　殖　業		
100 ～ 200	200 ～ 500	500 T 以 上	500 ～ 1,000	1,000 T 以 上	ぶり類養殖業	まだい養殖業	
(5)	(6)	(7)	(8)	(9)	(10)	(11)	
3.1	3.9	5.3	3.8	6.7	6.3	4.4	(1)
142.92	358.36	1,397.56	786.97	2,008.14	49.69	25.60	(2)
0.6	0.2	-	-	-	0.3	1.2	(3)
0.2	0.1	-	-	-	-	-	(4)
26	-	-	-	-	3,551	5,110	(5)
226	281	809	454	1,164	397	452	(6)
18.5	34.4	76.0	48.9	103.0	9.2	6.7	(7)
1,889	4,997	8,875	5,833	11,916	460	246	(8)

単位：千円

漁		業			海　面　養　殖　業		
100 ～ 200	200 ～ 500	500 T 以 上	500 ～ 1,000	1,000 T 以 上	ぶり類養殖業	まだい養殖業	
(5)	(6)	(7)	(8)	(9)	(10)	(11)	
357,655	740,713	2,697,686	1,513,569	3,881,804	583,439	263,271	(1)
353,039	777,270	2,656,430	1,463,123	3,849,740	583,623	272,459	(2)
186,516	438,016	1,404,507	737,091	2,071,920	484,654	213,759	(3)
192,885	455,708	1,288,925	670,824	1,907,029	474,711	226,936	(4)
171,114	302,697	1,293,037	776,301	1,809,776	97,940	49,489	(5)
158,573	321,562	1,367,381	792,150	1,942,613	108,206	45,513	(6)
129,060	231,991	959,730	547,968	1,371,494	54,075	35,524	(7)
116,688	243,354	953,533	542,088	1,364,979	56,707	31,109	(8)
18,400	23,855	225,073	86,446	363,700	6,666	3,836	(9)
18,603	34,202	228,155	90,812	365,498	6,666	3,836	(10)
26,608	35,204	89,731	73,877	105,584	3,026	11,992	(11)
24,863	51,449	76,254	48,700	103,808	2,929	11,299	(12)
69,897	141,764	566,308	351,668	780,949	28,360	2,056	(13)
56,519	107,018	470,069	280,785	659,353	27,774	1,031	(14)
6,185	13,789	36,813	20,000	53,627	-	1,349	(15)
5,469	14,288	31,081	16,748	45,415	-	993	(16)
7,970	17,379	41,805	15,977	67,634	16,023	16,291	(17)
11,234	36,397	147,974	105,043	190,905	19,338	13,950	(18)
475	7,637	17,443	19,931	14,955	2,917	307	(19)
433	7,403	14,063	18,691	9,435	2,236	194	(20)
283	7,532	16,394	19,090	13,699	2,804	38	(21)
267	7,218	12,784	17,879	7,689	2,135	21	(22)
192	105	1,049	841	1,256	113	269	(23)
166	185	1,279	812	1,746	101	173	(24)
41,579	63,069	315,864	208,402	423,327	40,948	13,658	(25)
41,452	70,805	399,785	231,371	568,199	49,263	14,210	(26)
25	-	142	177	108	845	23	(27)
1,581	-	124	149	98	706	10	(28)

(1) 経営体階層別（続き）

ウ 財産（続き）

(ｲ) 負債・純資産

区分			漁船			
			平均	10～20Ｔ未満	20～50	50～100
			(1)	(2)	(3)	(4)
負債・純資産合計	(期首)	(1)	454,968	68,531	79,064	169,182
	(期末)	(2)	460,084	64,804	87,619	166,991
負債合計	(期首)	(3)	329,458	61,770	62,206	169,924
	(期末)	(4)	330,001	58,496	71,571	168,782
流動負債合計	(期首)	(5)	161,911	30,367	24,077	55,642
	(期末)	(6)	149,743	30,825	22,770	56,211
短期借入金	(期首)	(7)	78,473	14,800	6,801	22,388
	(期末)	(8)	73,006	14,148	8,154	22,245
その他	(期首)	(9)	83,438	15,567	17,276	33,254
	(期末)	(10)	76,737	16,677	14,616	33,966
固定負債合計	(期首)	(11)	167,547	31,403	38,129	114,282
	(期末)	(12)	180,258	27,671	48,801	112,571
長期借入金	(期首)	(13)	153,354	29,062	34,567	101,379
	(期末)	(14)	166,303	25,744	46,332	99,216
その他	(期首)	(15)	14,193	2,341	3,562	12,903
	(期末)	(16)	13,955	1,927	2,469	13,355
純資産合計	(期首)	(17)	125,510	6,761	16,858	△ 742
	(期末)	(18)	130,083	6,308	16,048	△ 1,791
株主資本合計	(期首)	(19)	125,509	6,761	16,858	△ 742
	(期末)	(20)	130,082	6,308	16,048	△ 1,791
資本金	(期首)	(21)	8,843	3,895	3,900	4,986
	(期末)	(22)	8,919	3,895	3,900	4,986
資本剰余金	(期首)	(23)	2,137	-	-	-
	(期末)	(24)	1,732	-	-	-
利益剰余金	(期首)	(25)	115,272	2,866	12,958	△ 5,728
	(期末)	(26)	120,176	2,413	12,148	△ 6,777
その他	(期首)	(27)	△ 743	-	-	-
	(期末)	(28)	△ 745	-	-	-
評価・換算差額等	(期首)	(29)	1	-	-	-
	(期末)	(30)	1	-	-	-
新株予約権	(期首)	(31)	-	-	-	-
	(期末)	(32)	-	-	-	-

単位：千円

漁	業				海面養殖業		
100 ～ 200	200 ～ 500	500 T 以上			ぶり類養殖業	まだい養殖業	
			500 ～ 1,000	1,000 T 以上			
(5)	(6)	(7)	(8)	(9)	(10)	(11)	
357, 655	740, 713	2, 697, 686	1, 513, 569	3, 881, 804	583, 439	263, 271	(1)
353, 039	777, 270	2, 656, 430	1, 463, 123	3, 849, 740	583, 623	272, 459	(2)
226, 956	509, 131	1, 776, 204	1, 064, 248	2, 488, 162	566, 265	299, 001	(3)
211, 661	522, 390	1, 710, 326	993, 543	2, 427, 110	553, 006	291, 505	(4)
80, 580	230, 131	920, 280	523, 031	1, 317, 530	399, 706	153, 062	(5)
75, 487	240, 173	801, 652	503, 751	1, 099, 554	384, 355	153, 836	(6)
29, 117	141, 037	425, 008	254, 404	595, 613	268, 243	80, 641	(7)
22, 108	151, 550	378, 303	310, 248	446, 359	254, 812	80, 639	(8)
51, 463	89, 094	495, 272	268, 627	721, 917	131, 463	72, 421	(9)
53, 379	88, 623	423, 349	193, 503	653, 195	129, 543	73, 197	(10)
146, 376	279, 000	855, 924	541, 217	1, 170, 632	166, 559	145, 939	(11)
136, 174	282, 217	908, 674	489, 792	1, 327, 556	168, 651	137, 669	(12)
130, 160	210, 924	783, 706	476, 030	1, 091, 382	148, 791	142, 357	(13)
119, 779	222, 098	837, 697	421, 444	1, 253, 950	152, 384	136, 195	(14)
16, 216	68, 076	72, 218	65, 187	79, 250	17, 768	3, 582	(15)
16, 395	60, 119	70, 977	68, 348	73, 606	16, 267	1, 474	(16)
130, 699	231, 582	921, 482	449, 321	1, 393, 642	17, 174	△ 35, 730	(17)
141, 378	254, 880	946, 104	469, 580	1, 422, 630	30, 617	△ 19, 046	(18)
130, 699	231, 582	921, 473	449, 321	1, 393, 625	17, 174	△ 35, 730	(19)
141, 378	254, 880	946, 094	469, 580	1, 422, 610	30, 617	△ 19, 046	(20)
8, 598	11, 682	34, 916	17, 818	52, 014	7, 042	8, 527	(21)
8, 598	11, 682	35, 641	19, 269	52, 014	7, 042	8, 527	(22)
4, 321	-	9, 761	273	19, 249	-	-	(23)
4, 321	-	5, 910	273	11, 548	-	-	(24)
117, 780	219, 900	884, 037	431, 646	1, 336, 428	10, 132	△ 44, 257	(25)
128, 459	243, 198	911, 812	450, 454	1, 373, 170	23, 575	△ 27, 573	(26)
-	-	△ 7, 241	△ 416	△ 14, 066	-	-	(27)
-	-	△ 7, 269	△ 416	△ 14, 122	-	-	(28)
-	-	9	-	17	-	-	(29)
-	-	10	-	20	-	-	(30)
-	-	-	-	-	-	-	(31)
-	-	-	-	-	-	-	(32)

(1) 経営体階層別（続き）
エ 損益

区分		漁船			
		平均	10～20Ｔ未満	20～50	50～100
		(1)	(2)	(3)	(4)
売上高合計	(1)	397,596	77,344	90,093	174,176
漁労売上高	(2)	331,956	68,846	64,632	135,569
漁労外売上高	(3)	65,640	8,498	25,461	38,607
売上原価合計	(4)	328,415	57,648	65,734	135,707
漁労売上原価合計	(5)	298,870	55,990	51,421	112,463
期首棚卸高	(6)	4,319	429	1,093	131
製品製造原価合計	(7)	300,107	55,664	51,495	112,457
労務費	(8)	111,054	23,510	22,447	51,645
材料費及び経費合計	(9)	189,053	32,154	29,048	60,812
漁船・漁具費	(10)	21,398	2,843	2,932	5,141
油費	(11)	54,639	10,234	8,953	15,635
えさ代	(12)	10,671	3,043	1,121	3
種苗代	(13)	84	-	-	-
修繕費	(14)	30,556	4,058	3,865	9,531
租税公課	(15)	4,413	1,945	1,587	1,921
減価償却費	(16)	31,436	4,786	6,267	13,320
その他	(17)	35,856	5,245	4,323	15,261
期末棚卸高	(18)	5,556	103	1,167	125
漁労外売上原価	(19)	29,545	1,658	14,313	23,244
販売費及び一般管理費合計	(20)	66,364	20,059	30,179	36,609
漁労販売費及び一般管理費合計	(21)	60,752	18,348	20,384	32,432
給料手当・役員報酬	(22)	25,178	8,527	10,305	13,298
販売手数料	(23)	14,011	4,293	2,931	6,945
租税公課	(24)	2,903	856	989	2,154
減価償却費	(25)	2,377	749	987	799
その他	(26)	16,283	3,923	5,172	9,236
漁労外販売費及び一般管理費	(27)	5,612	1,711	9,795	4,177
営業外収益	(28)	14,310	1,572	3,531	4,652
営業外費用合計	(29)	3,921	535	488	1,915
支払利息及び割引料	(30)	3,019	415	488	1,688
その他	(31)	902	120	-	227
特別利益	(32)	8,128	678	4,135	1,490
特別損失	(33)	10,882	1,144	1,472	6,180
法人税、住民税及び事業税	(34)	5,177	660	696	954
当期純利益	(35)	5,275	△ 452	△ 810	△ 1,047

単位：千円

漁		業			海面養殖業		
100 ～ 200	200 ～ 500	500 T 以 上			ぶり類養殖業	まだい養殖業	
			500 ～ 1,000	1,000 T 以 上			
(5)	(6)	(7)	(8)	(9)	(10)	(11)	
340, 020	727, 685	2, 124, 408	959, 143	3, 289, 673	484, 933	256, 492	(1)
306, 833	692, 437	1, 737, 686	855, 901	2, 619, 471	459, 185	231, 278	(2)
33, 187	35, 248	386, 722	103, 242	670, 202	25, 748	25, 214	(3)
263, 288	574, 586	1, 851, 893	810, 261	2, 893, 523	432, 381	215, 161	(4)
255, 394	565, 759	1, 674, 628	808, 600	2, 540, 655	421, 991	200, 665	(5)
3, 096	2, 050	29, 239	8, 201	50, 276	350, 616	173, 884	(6)
255, 707	572, 290	1, 683, 819	810, 595	2, 557, 043	402, 902	199, 212	(7)
111, 296	214, 614	570, 071	292, 551	847, 592	21, 111	11, 496	(8)
144, 411	357, 676	1, 113, 748	518, 044	1, 709, 451	381, 791	187, 716	(9)
10, 997	21, 008	156, 015	35, 009	277, 022	3, 896	2, 019	(10)
42, 591	99, 846	302, 509	159, 706	445, 311	4, 500	2, 563	(11)
10, 229	12, 683	53, 538	27, 057	80, 019	286, 133	132, 605	(12)
315	-	-	-	-	47, 575	28, 943	(13)
24, 801	62, 847	180, 241	90, 422	270, 060	6, 034	2, 533	(14)
2, 862	2, 557	26, 104	5, 495	46, 712	1, 510	1, 062	(15)
24, 982	68, 657	188, 032	96, 097	279, 967	16, 961	7, 534	(16)
27, 634	90, 078	207, 309	104, 258	310, 360	15, 182	10, 457	(17)
3, 409	8, 581	38, 430	10, 196	66, 664	331, 527	172, 431	(18)
7, 894	8, 827	177, 265	1, 661	352, 868	10, 390	14, 496	(19)
70, 655	143, 110	248, 729	133, 529	363, 929	33, 481	23, 090	(20)
68, 999	143, 070	218, 621	132, 457	304, 785	32, 882	22, 035	(21)
31, 330	63, 949	77, 117	42, 475	111, 759	17, 720	8, 924	(22)
14, 752	34, 105	59, 231	33, 873	84, 588	3, 883	3, 597	(23)
4, 011	7, 520	9, 007	4, 892	13, 121	774	461	(24)
2, 128	5, 923	9, 195	5, 618	12, 773	1, 236	1, 262	(25)
16, 778	31, 573	64, 071	45, 599	82, 544	9, 269	7, 791	(26)
1, 656	40	30, 108	1, 072	59, 144	599	1, 055	(27)
15, 410	29, 162	70, 839	73, 086	68, 591	2, 130	1, 504	(28)
2, 533	7, 537	18, 438	13, 060	23, 817	7, 380	3, 664	(29)
1, 787	4, 655	14, 744	11, 830	17, 659	6, 921	3, 597	(30)
746	2, 882	3, 694	1, 230	6, 158	459	67	(31)
766	7, 027	48, 851	10, 566	87, 136	1, 724	3, 651	(32)
3, 244	7, 077	69, 225	55, 966	82, 483	513	2, 603	(33)
4, 036	8, 266	28, 030	11, 154	44, 906	1, 588	448	(34)
12, 440	23, 298	27, 783	18, 825	36, 742	13, 444	16, 681	(35)

(1) 経営体階層別（続き）
オ 漁業投下資本

区分		漁船 平均	10～20T未満	20～50	50～100
		(1)	(2)	(3)	(4)
漁業投下資本合計	(1)	305,978	50,465	59,236	154,431
漁業投下固定資本合計	(2)	143,073	16,063	26,960	89,043
有形固定資産合計	(3)	139,792	15,967	25,685	88,774
土地	(4)	21,530	142	1,393	7,632
建物・構築物	(5)	16,546	1,459	7,361	8,579
船舶	(6)	86,889	9,887	13,045	59,649
漁網・はえ縄	(7)	6,897	1,795	351	5,432
その他	(8)	7,930	2,684	3,535	7,482
無形固定資産合計	(9)	3,281	96	1,275	269
漁業権	(10)	3,120	89	1,263	160
その他	(11)	161	7	12	109
漁業投下流動資本	(12)	162,905	34,402	32,276	65,388

単位：千円

漁	業				海面養殖業		
100 ～ 200	200 ～ 500	500 T 以上	500 ～ 1,000	1,000 T 以上	ぶり類養殖業	まだい養殖業	
(5)	(6)	(7)	(8)	(9)	(10)	(11)	
256,240	531,799	1,651,828	950,844	2,352,814	272,494	140,886	(1)
107,598	214,674	803,817	531,173	1,076,464	54,156	33,934	(2)
107,139	207,103	786,668	511,278	1,062,060	51,245	33,755	(3)
8,098	16,707	105,019	63,215	146,823	4,960	3,055	(4)
17,198	18,713	54,256	62,873	45,638	2,678	11,248	(5)
69,806	140,807	566,308	351,668	780,949	27,953	2,056	(6)
6,185	13,764	36,813	20,000	53,627	–	1,349	(7)
5,852	17,112	24,272	13,522	35,023	15,654	16,047	(8)
459	7,571	17,149	19,895	14,404	2,911	179	(9)
283	7,532	16,394	19,090	13,699	2,804	38	(10)
176	39	755	805	705	107	141	(11)
148,642	317,125	848,011	419,671	1,276,350	218,338	106,952	(12)

(2)　主とする漁業種類別
ア　概要及び分析指標

区分		単位	沖合底びき網 50～100T未満	沖合底びき網 100～200	船びき網 10～20T未満	船びき網 20～50	船びき網 50～100
			(1)	(2)	(3)	(4)	(5)
集計経営体数	(1)	経営体	5	9	4	6	5
漁業経営の概要							
使用動力船総トン数	(2)	T	81.79	154.78	15.85	31.63	59.91
養殖施設面積	(3)	㎡	-	-	-	-	-
出漁日数	(4)	日	211	181	113	119	69
最盛期の従事者数	(5)	人	9.6	16.1	6.8	7.3	12.6
漁獲量	(6)	t	164	2,585	6,829	90	351
漁業投下固定資本	(7)	千円	45,162	106,708	2,285	11,850	37,593
漁労売上総利益	(8)	〃	31,512	60,424	5,304	12,693	10,056
漁労利益	(9)	〃	4,442	△ 15,773	△ 6,627	△ 1,477	△ 7,286
漁労売上高	(10)	〃	159,429	354,525	22,662	48,069	81,557
漁労売上原価	(11)	〃	127,917	294,101	17,358	35,376	71,501
漁労販売費及び一般管理費	(12)	〃	27,070	76,197	11,931	14,170	17,342
漁労外売上総利益	(13)	〃	8,761	25,036	16,983	8,908	40,729
漁労外利益	(14)	〃	8,761	22,843	8,941	1,523	26,444
漁労外売上高	(15)	〃	10,923	29,987	24,444	31,117	129,357
漁労外売上原価	(16)	〃	2,162	4,951	7,461	22,209	88,628
漁労外販売費及び一般管理費	(17)	〃	-	2,193	8,042	7,385	14,285
売上総利益	(18)	〃	40,273	85,460	22,287	21,601	50,785
営業利益	(19)	〃	13,203	7,070	2,314	46	19,158
営業外収益	(20)	〃	4,580	21,027	438	1,979	808
営業外費用	(21)	〃	1,445	5,815	194	254	3,546
経常利益	(22)	〃	16,338	22,282	2,558	1,771	16,420
特別利益	(23)	〃	2,005	2,777	-	2,215	1,800
特別損失	(24)	〃	302	1,949	68	2,051	16,366
税引前当期純利益	(25)	〃	18,041	23,110	2,490	1,935	1,854
法人税、住民税及び事業税	(26)	〃	1,886	5,578	1,141	1,050	306
当期純利益	(27)	〃	16,155	17,532	1,349	885	1,548
分析指標							
総資本利益率	(28)	%	18.2	3.1	4.9	1.9	1.0
漁業投下資本利益率	(29)	〃	3.8	nc	nc	nc	nc
自己資本利益率	(30)	〃	nc	6.0	20.8	13.5	nc
総資本回転率	(31)	回	1.9	0.7	1.7	1.7	1.3
自己資本回転率	(32)	〃	nc	1.3	7.3	12.1	nc
売上総利益率	(33)	%	19.8	17.0	23.4	26.4	12.3
売上利益率	(34)	〃	2.8	nc	nc	nc	nc
付加価値生産性	(35)	千円	10,170	13,227	2,470	4,603	3,912
資本装備率	(36)	〃	4,704	6,628	336	1,623	2,984
労賃率	(37)	%	38.7	39.3	44.9	38.7	36.7
労働1人当たり労賃	(38)	千円	6,430	8,646	1,496	2,552	2,374
固定比率	(39)	%	nc	79.5	267.6	420.4	nc
流動比率	(40)	〃	77.2	350.0	118.9	223.3	78.5
自己資本比率	(41)	〃	nc	50.5	21.4	13.1	nc
固定長期適合比率	(42)	〃	115.5	48.4	89.4	69.1	87.8

大中型まき網				中・小型まき網			
200～500Ｔ未満	500 Ｔ 以 上	500～1,000	1,000Ｔ以上	50～100Ｔ未満	100 ～ 200	200 ～ 500	
(6)	(7)	(8)	(9)	(10)	(11)	(12)	
3	8	4	4	10	10	3	(1)
430.67	1,490.81	807.50	2,174.13	71.72	131.81	323.00	(2)
-	-	-	-	-	90	-	(3)
208	513	267	760	146	196	145	(4)
40.7	83.0	49.3	116.8	17.5	23.4	37.3	(5)
8,588	18,718	8,443	28,994	1,694	2,884	7,276	(6)
514,578	1,190,303	514,818	1,865,787	130,864	226,933	222,937	(7)
181,607	128,114	131,296	124,932	19,750	44,667	144,211	(8)
△ 6,180	△ 248,859	△ 85,310	△ 412,410	△ 19,917	△ 35,830	△ 38,571	(9)
1,095,662	3,003,539	1,132,435	4,874,644	138,095	347,429	685,444	(10)
914,055	2,875,425	1,001,139	4,749,712	118,345	302,762	541,233	(11)
187,787	376,973	216,606	537,342	39,667	80,497	182,782	(12)
46,166	320,970	61,206	580,733	7,655	43,535	25,162	(13)
46,166	286,116	60,865	511,366	7,655	43,535	25,162	(14)
46,166	585,649	61,232	1,110,065	7,764	47,200	26,256	(15)
-	264,679	26	529,332	109	3,665	1,094	(16)
-	34,854	341	69,367	-	-	-	(17)
227,773	449,084	192,502	705,665	27,405	88,202	169,373	(18)
39,986	37,257	△ 24,445	98,956	△ 12,262	7,705	△ 13,409	(19)
5,728	84,925	94,565	75,284	6,993	21,651	65,918	(20)
9,853	20,734	12,790	28,677	1,525	2,042	4,161	(21)
35,861	101,448	57,330	145,563	△ 6,794	27,314	48,348	(22)
4,185	44,861	6,761	82,960	860	20	4,066	(23)
1,150	66,677	13,953	119,401	5,257	5,371	4,606	(24)
38,896	79,632	50,138	109,122	△ 11,191	21,963	47,808	(25)
3,095	34,712	11,785	57,640	816	7,063	15,839	(26)
35,801	44,920	38,353	51,482	△ 12,007	14,900	31,969	(27)
2.8	1.1	2.3	0.8	nc	3.5	4.0	(28)
nc	nc	nc	nc	nc	nc	nc	(29)
12.1	2.6	5.2	1.9	nc	18.6	8.3	(30)
0.9	0.9	0.7	1.0	0.8	0.9	0.9	(31)
3.9	2.1	1.6	2.2	25.1	4.9	1.9	(32)
16.6	4.3	11.6	2.6	14.3	12.9	21.0	(33)
nc	nc	nc	nc	nc	nc	nc	(34)
13,959	16,060	11,751	17,864	4,715	8,146	10,861	(35)
12,643	14,341	10,443	15,974	7,478	9,698	5,977	(36)
28.4	32.5	32.8	32.4	42.3	36.4	35.5	(37)
7,646	11,761	7,544	13,531	3,341	5,399	6,515	(38)
218.6	111.5	105.1	113.2	1,112.5	373.3	72.7	(39)
184.5	198.1	229.4	191.8	106.8	141.3	291.2	(40)
21.3	43.6	46.3	42.9	6.4	16.9	50.9	(41)
65.5	65.6	62.7	66.4	97.5	85.4	47.2	(42)

(2) 主とする漁業種類別（続き）
ア 概要及び分析指標（続き）

区分	単位	遠洋・近海まぐろはえ縄				
		10～20T未満	200～500	500T以上		
					500～1,000	1,000T以上
		(13)	(14)	(15)	(16)	(17)
集計経営体数 (1)	経営体	4	3	10	4	6
漁業経営の概要						
使用動力船総トン数 (2)	T	18.25	354.33	1,428.70	746.50	1,883.50
養殖施設面積 (3)	㎡	-	-	-	-	-
出漁日数 (4)	日	255	378	1,104	625	1,423
最盛期の従事者数 (5)	人	7.0	25.3	83.7	50.5	105.8
漁獲量 (6)	t	96	722	1,425	963	1,733
漁業投下固定資本 (7)	千円	18,948	33,632	493,433	340,507	595,387
漁労売上総利益 (8)	〃	21,461	92,598	89,440	76,009	98,395
漁労利益 (9)	〃	△ 658	34,303	△ 35,854	11,860	△ 67,662
漁労売上高 (10)	〃	101,542	345,267	1,027,290	550,370	1,345,236
漁労売上原価 (11)	〃	80,081	252,669	937,850	474,361	1,246,841
漁労販売費及び一般管理費 (12)	〃	22,119	58,295	125,294	64,149	166,057
漁労外売上総利益 (13)	〃	3,414	△ 54	55,760	7,986	87,610
漁労外利益 (14)	〃	3,414	△ 200	42,640	7,986	65,743
漁労外売上高 (15)	〃	3,414	31,217	167,267	7,986	273,455
漁労外売上原価 (16)	〃	-	31,271	111,507	-	185,845
漁労外販売費及び一般管理費 (17)	〃	-	146	13,120	-	21,867
売上総利益 (18)	〃	24,875	92,544	145,200	83,995	186,005
営業利益 (19)	〃	2,756	34,103	6,786	19,846	△ 1,919
営業外収益 (20)	〃	563	18,510	46,878	37,871	52,883
営業外費用 (21)	〃	378	2,474	17,024	12,991	19,711
経常利益 (22)	〃	2,941	50,139	36,640	44,726	31,253
特別利益 (23)	〃	8	5,532	67,221	18,962	99,393
特別損失 (24)	〃	-	18,331	30,557	19,903	37,660
税引前当期純利益 (25)	〃	2,949	37,340	73,304	43,785	92,986
法人税、住民税及び事業税 (26)	〃	1,181	11,256	30,393	10,709	43,515
当期純利益 (27)	〃	1,768	26,084	42,911	33,076	49,471
分析指標						
総資本利益率 (28)	%	2.4	8.7	2.6	3.7	2.2
漁業投下資本利益率 (29)	〃	nc	18.9	nc	2.0	nc
自己資本利益率 (30)	〃	7.8	70.5	11.9	32.4	9.3
総資本回転率 (31)	回	1.4	1.3	0.7	0.6	0.7
自己資本回転率 (32)	〃	4.6	10.2	3.3	5.5	3.0
売上総利益率 (33)	%	21.1	26.8	8.7	13.8	7.3
売上利益率 (34)	〃	nc	9.9	nc	2.2	nc
付加価値生産性 (35)	千円	7,380	7,470	5,477	5,353	5,519
資本装備率 (36)	〃	2,707	1,329	5,895	6,743	5,627
労賃率 (37)	%	25.6	21.7	30.3	29.0	30.7
労働1人当たり労賃 (38)	千円	3,715	2,968	3,719	3,162	3,898
固定比率 (39)	%	137.1	614.6	228.1	573.0	189.4
流動比率 (40)	〃	234.9	99.1	105.3	120.1	102.3
自己資本比率 (41)	〃	27.7	8.4	20.3	9.3	23.4
固定長期適合比率 (42)	〃	51.6	100.8	94.5	87.1	97.3

遠洋・近海かつお一本釣		遠洋・近海いか釣	その他の漁業	
100～200Ｔ未満	500 Ｔ 以 上	100～200Ｔ未満	10～20Ｔ未満	
(18)	(19)	(20)	(21)	
7	3	5	6	(1)
127.57	1,306.67	166.40	19.00	(2)
-	-	-	-	(3)
303	728	201	163	(4)
22.3	41.3	9.6	7.2	(5)
1,025	3,046	283	170	(6)
24,459	868,220	24,273	18,570	(7)
71,526	△ 271,497	36,266	16,776	(8)
△ 11,227	△ 405,603	7,175	△ 579	(9)
324,690	766,297	163,466	69,599	(10)
253,164	1,037,794	127,200	52,823	(11)
82,753	134,106	29,091	17,355	(12)
14,688	494,233	18,535	631	(13)
14,688	410,120	11,220	574	(14)
14,688	716,674	55,972	828	(15)
-	222,441	37,437	197	(16)
-	84,113	7,315	57	(17)
86,214	222,736	54,801	17,407	(18)
3,461	4,517	18,395	△ 5	(19)
4,319	111,798	4,655	3,238	(20)
668	22,773	134	748	(21)
7,112	93,542	22,916	2,485	(22)
78	14,543	-	2,125	(23)
625	204,371	6,675	3,571	(24)
6,565	△ 96,286	16,241	1,039	(25)
620	883	2,343	109	(26)
5,945	△ 97,169	13,898	930	(27)
3.3	nc	7.2	1.3	(28)
nc	nc	7.2	nc	(29)
7.5	nc	9.4	605.9	(30)
1.9	0.6	1.1	1.0	(31)
4.3	3.8	1.5	458.8	(32)
22.0	nc	22.2	24.1	(33)
nc	nc	4.4	nc	(34)
7,932	1,644	10,436	6,373	(35)
1,097	21,022	2,528	2,579	(36)
32.3	41.5	35.1	39.5	(37)
4,699	7,705	5,984	3,818	(38)
100.6	304.1	41.3	nc	(39)
330.6	143.8	405.2	95.3	(40)
42.4	17.1	73.4	nc	(41)
51.6	78.1	36.6	104.4	(42)

(2) 主とする漁業種類別（続き）
イ 使用漁船及び漁業操業状況

区分		単位	沖合底びき網		船びき網		
			50～100T未満	100～200	10～20T未満	20～50	50～100
			(1)	(2)	(3)	(4)	(5)
使用漁船							
動力船							
隻数	(1)	隻	1.2	1.2	2.5	3.7	5.4
総トン数	(2)	T	81.79	154.78	15.85	31.63	59.91
船外機付船隻数	(3)	隻	－	－	－	－	－
無動力船隻数	(4)	〃	－	－	－	－	－
養殖施設面積	(5)	㎡	－	－	－	－	－
出漁日数	(6)	日	211	181	113	119	69
最盛期の従事者数	(7)	人	9.6	16.1	6.8	7.3	12.6
漁獲量	(8)	t	164	2,585	6,829	90	351

区分		単位	遠洋・近海まぐろはえ縄				
			10～20T未満	200～500	500T以上		
						500～1,000	1,000T以上
			(13)	(14)	(15)	(16)	(17)
使用漁船							
動力船							
隻数	(1)	隻	1.0	1.3	3.8	2.5	4.7
総トン数	(2)	T	18.25	354.33	1,428.70	746.50	1,883.50
船外機付船隻数	(3)	隻	－	－	－	－	－
無動力船隻数	(4)	〃	－	－	－	－	－
養殖施設面積	(5)	㎡	－	－	－	－	－
出漁日数	(6)	日	255	378	1,104	625	1,423
最盛期の従事者数	(7)	人	7.0	25.3	83.7	50.5	105.8
漁獲量	(8)	t	96	722	1,425	963	1,733

大中型まき網				中・小型まき網			
200～500T未満	500 T 以上			50～100T未満	100 ～ 200	200 ～ 500	
		500～1,000	1,000T以上				
(6)	(7)	(8)	(9)	(10)	(11)	(12)	
6.3	7.0	3.5	10.5	6.1	7.9	5.3	(1)
430.67	1,490.81	807.50	2,174.13	71.72	131.81	323.00	(2)
0.3	-	-	-	0.6	1.9	0.3	(3)
0.3	-	-	-	0.1	0.6	-	(4)
-	-	-	-	-	90.0	-	(5)
208	513	267	760	146	196	145	(6)
40.7	83.0	49.3	116.8	17.5	23.4	37.3	(7)
8,588	18,718	8,443	28,994	1,694	2,884	7,276	(8)

遠洋・近海かつお一本釣		遠洋・近海いか釣	その他の漁業	
100～200T未満	500 T 以上	100～200T未満	10～20T未満	
(18)	(19)	(20)	(21)	
1.1	2.7	1.0	1.0	(1)
127.57	1,306.67	166.40	19.00	(2)
-	-	-	-	(3)
-	-	-	-	(4)
-	-	-	-	(5)
303	728	201	163	(6)
22.3	41.3	9.6	7.2	(7)
1,025	3,046	283	170	(8)

(2) 主とする漁業種類別（続き）
ウ 財産
(ア) 資産

区分	沖合底びき網		船びき網		
	50～100T未満	100 ～ 200	10～20T未満	20 ～ 50	50 ～ 100
	(1)	(2)	(3)	(4)	(5)
資産合計（期首） (1)	86,078	571,652	27,042	46,404	162,776
（期末） (2)	91,778	558,774	27,798	45,162	156,267
流動資産（期首） (3)	26,933	342,288	11,537	20,758	63,348
（期末） (4)	32,432	336,473	8,089	19,354	62,443
固定資産合計（期首） (5)	59,145	229,364	15,505	25,646	72,051
（期末） (6)	59,346	216,404	19,709	25,808	75,475
有形固定資産合計（期首） (7)	45,202	170,422	5,207	21,022	50,438
（期末） (8)	44,956	154,874	8,438	20,174	53,908
土地（期首） (9)	-	46,321	-	2,532	23,691
（期末） (10)	-	46,343	-	2,532	23,692
建物・構築物（期首） (11)	1,404	55,441	37	8,474	8,238
（期末） (12)	1,260	54,275	35	7,860	8,483
船舶（期首） (13)	38,116	60,023	1,405	7,080	6,823
（期末） (14)	35,660	46,282	4,174	7,310	8,412
漁網・はえ縄（期首） (15)	2,081	2,386	386	238	1,164
（期末） (16)	2,844	3,143	910	144	1,029
その他（期首） (17)	3,601	6,251	3,379	2,698	10,522
（期末） (18)	5,192	4,831	3,319	2,328	12,292
無形固定資産合計（期首） (19)	161	201	211	37	412
（期末） (20)	161	167	211	37	450
漁業権（期首） (21)	-	-	190	-	-
（期末） (22)	-	-	190	-	-
その他（期首） (23)	161	201	21	37	412
（期末） (24)	161	167	21	37	450
投資その他の資産（期首） (25)	13,782	58,741	10,087	4,587	21,201
（期末） (26)	14,229	61,363	11,060	5,597	21,117
繰延資産（期首） (27)	-	-	-	-	27,377
（期末） (28)	-	5,897	-	-	18,349

単位：千円

大中型まき網				中・小型まき網			
200～500Ｔ未満	500 Ｔ 以 上	500～1,000	1,000Ｔ以上	50～100Ｔ未満	100 ～ 200	200 ～ 500	
(6)	(7)	(8)	(9)	(10)	(11)	(12)	
1,304,586	3,940,125	1,535,627	6,344,621	184,852	429,720	721,583	(1)
1,256,993	3,923,686	1,810,800	6,036,566	180,910	430,916	894,200	(2)
697,238	2,024,815	786,876	3,262,751	53,377	158,230	454,373	(3)
704,820	2,058,265	889,471	3,227,052	47,727	188,485	501,969	(4)
607,348	1,915,028	748,274	3,081,782	131,475	271,405	267,210	(5)
552,173	1,865,172	920,919	2,809,426	133,183	242,364	392,231	(6)
509,464	1,487,160	567,903	2,406,416	109,124	232,971	220,715	(7)
450,364	1,423,820	735,785	2,111,855	111,033	206,682	338,598	(8)
33,965	319,996	180,983	459,009	8,797	9,193	19,464	(9)
33,965	322,232	181,358	463,106	9,161	9,193	59,948	(10)
24,283	112,809	47,119	178,500	15,555	33,434	54,810	(11)
41,333	117,298	52,763	181,834	15,303	27,177	99,837	(12)
373,002	884,926	291,369	1,478,482	91,841	154,451	116,783	(13)
272,684	665,225	215,552	1,114,898	92,499	127,341	102,638	(14)
36,068	82,773	27,190	138,356	10,328	18,499	10,805	(15)
32,436	64,694	13,006	116,381	9,184	15,210	16,730	(16)
42,146	86,656	21,242	152,069	△ 17,397	17,394	18,853	(17)
69,946	254,371	273,106	235,636	△ 15,114	27,761	59,445	(18)
25,472	21,205	16,319	26,093	77	1,334	2,222	(19)
25,472	13,931	15,873	11,990	77	1,242	1,222	(20)
25,200	19,920	14,663	25,178	-	904	2,167	(21)
25,200	12,008	14,288	9,729	-	863	1,167	(22)
272	1,285	1,656	915	77	430	55	(23)
272	1,923	1,585	2,261	77	379	55	(24)
72,412	406,663	164,052	649,273	22,274	37,100	44,273	(25)
76,337	427,421	169,261	685,581	22,073	34,440	52,411	(26)
-	282	477	88	-	85	-	(27)
-	249	410	88	-	67	-	(28)

(2) 主とする漁業種類別（続き）
ウ 財産（続き）
(ア) 資産（続き）

区分			遠洋・近海まぐろはえ縄				
			10～20Ｔ未満	200 ～ 500	500 Ｔ 以 上		
						500 ～ 1,000	1,000 Ｔ 以 上
			(13)	(14)	(15)	(16)	(17)
資産合計	(期首)	(1)	78,271	286,366	1,669,396	922,080	2,167,609
	(期末)	(2)	69,415	312,726	1,683,543	852,380	2,237,654
流動資産	(期首)	(3)	48,525	139,068	896,073	431,781	1,205,599
	(期末)	(4)	51,104	159,116	769,800	330,007	1,062,995
固定資産合計	(期首)	(5)	29,746	147,298	773,240	490,299	961,871
	(期末)	(6)	18,311	153,610	913,670	522,373	1,174,537
有形固定資産合計	(期首)	(7)	19,134	101,380	594,426	337,907	765,441
	(期末)	(8)	7,509	87,720	719,488	335,501	975,480
土地	(期首)	(9)	354	33,372	227,144	28,703	359,438
	(期末)	(10)	354	30,825	232,099	40,242	360,003
建物・構築物	(期首)	(11)	2,994	48,229	44,828	11,977	66,729
	(期末)	(12)	2,958	45,900	46,255	23,518	61,414
船舶	(期首)	(13)	13,782	15,067	300,097	281,070	312,783
	(期末)	(14)	2,093	6,313	315,926	253,021	357,863
漁網・はえ縄	(期首)	(15)	-	3,686	8,197	11,375	6,079
	(期末)	(16)	-	2,523	9,635	15,578	5,673
その他	(期首)	(17)	2,004	1,026	14,160	4,782	20,412
	(期末)	(18)	2,104	2,159	115,573	3,142	190,527
無形固定資産合計	(期首)	(19)	252	252	10,656	11,749	9,929
	(期末)	(20)	225	392	10,261	11,734	9,280
漁業権	(期首)	(21)	234	252	9,506	11,378	8,259
	(期末)	(22)	207	99	9,111	11,363	7,610
その他	(期首)	(23)	18	-	1,150	371	1,670
	(期末)	(24)	18	293	1,150	371	1,670
投資その他の資産	(期首)	(25)	10,360	45,666	168,158	140,643	186,501
	(期末)	(26)	10,577	65,498	183,921	175,138	189,777
繰延資産	(期首)	(27)	-	-	83	-	139
	(期末)	(28)	-	-	73	-	122

単位：千円

遠洋・近海かつお一本釣		遠洋・近海いか釣	その他の漁業	
100～200T未満	500T以上	100～200T未満	10～20T未満	
(18)	(19)	(20)	(21)	
179,862	2,557,087	192,418	74,700	(1)
181,122	2,300,292	194,080	71,435	(2)
103,080	1,224,475	134,066	34,472	(3)
104,991	764,246	137,803	35,150	(4)
76,782	1,332,598	58,352	40,225	(5)
76,131	1,536,046	56,277	36,282	(6)
27,991	883,436	36,126	18,579	(7)
27,859	607,535	34,334	14,470	(8)
2,742	28,056	13,590	-	(9)
3,701	28,056	13,590	-	(10)
2,765	202,294	4,000	1,854	(11)
5,176	69,318	3,618	1,505	(12)
20,223	630,353	15,345	6,094	(13)
16,608	494,057	11,221	5,149	(14)
-	-	-	5,325	(15)
-	-	-	3,640	(16)
2,261	22,733	3,191	5,306	(17)
2,374	16,104	5,905	4,176	(18)
12	35,723	64	-	(19)
12	31,651	51	-	(20)
-	35,415	-	-	(21)
-	31,356	-	-	(22)
12	308	64	-	(23)
12	295	51	-	(24)
48,779	413,439	22,162	21,646	(25)
48,260	896,860	21,892	21,812	(26)
-	14	-	3	(27)
-	-	-	3	(28)

(2)　主とする漁業種類別（続き）
ウ　財産（続き）
(ｲ)　負債・純資産

区分		沖合底びき網 50～100Ｔ未満	沖合底びき網 100～200	船びき網 10～20Ｔ未満	船びき網 20～50	船びき網 50～100
		(1)	(2)	(3)	(4)	(5)
負債・純資産合計（期首）	(1)	86,078	571,652	27,042	46,404	162,776
（期末）	(2)	91,778	558,774	27,798	45,162	156,267
負債合計（期首）	(3)	126,666	282,967	21,247	40,303	184,012
（期末）	(4)	116,210	259,200	20,652	38,174	175,956
流動負債合計（期首）	(5)	34,889	97,788	9,706	9,296	80,706
（期末）	(6)	32,837	79,391	9,025	9,438	79,942
短期借入金（期首）	(7)	15,582	40,053	1,405	2,414	50,779
（期末）	(8)	16,576	20,162	1,393	3,303	47,328
その他（期首）	(9)	19,307	57,735	8,301	6,882	29,927
（期末）	(10)	16,261	59,229	7,632	6,135	32,614
固定負債合計（期首）	(11)	91,777	185,179	11,541	31,007	103,306
（期末）	(12)	83,373	179,809	11,627	28,736	96,014
長期借入金（期首）	(13)	91,563	158,687	6,457	25,070	101,291
（期末）	(14)	83,219	154,694	6,243	24,620	93,977
その他（期首）	(15)	214	26,492	5,084	5,937	2,015
（期末）	(16)	154	25,115	5,384	4,116	2,037
純資産合計（期首）	(17)	△ 40,588	288,685	5,795	6,101	△ 21,236
（期末）	(18)	△ 24,432	299,574	7,146	6,988	△ 19,689
株主資本合計（期首）	(19)	△ 40,588	288,685	5,795	6,101	△ 21,236
（期末）	(20)	△ 24,432	299,574	7,146	6,988	△ 19,689
資本金（期首）	(21)	2,720	9,333	5,250	4,500	5,400
（期末）	(22)	2,720	9,333	5,250	4,500	5,400
資本剰余金（期首）	(23)	-	11,862	-	-	-
（期末）	(24)	-	11,862	-	-	-
利益剰余金（期首）	(25)	△ 43,308	267,490	545	1,601	△ 26,636
（期末）	(26)	△ 27,152	278,379	1,896	2,488	△ 25,089
その他（期首）	(27)	-	-	-	-	-
（期末）	(28)	-	-	-	-	-
評価・換算差額等（期首）	(29)	-	-	-	-	-
（期末）	(30)	-	-	-	-	-
新株予約権（期首）	(31)	-	-	-	-	-
（期末）	(32)	-	-	-	-	-

単位：千円

大中型まき網				中・小型まき網			
200～500T未満	500 T 以 上	500～1,000	1,000T以上	50～100T未満	100 ～ 200	200 ～ 500	
(6)	(7)	(8)	(9)	(10)	(11)	(12)	
1,304,586	3,940,125	1,535,627	6,344,621	184,852	429,720	721,583	(1)
1,256,993	3,923,686	1,810,800	6,036,566	180,910	430,916	894,200	(2)
1,026,804	2,223,134	823,933	3,622,336	173,034	357,008	354,074	(3)
943,410	2,170,443	1,056,759	3,284,123	181,099	343,303	494,722	(4)
377,811	1,022,222	343,080	1,701,364	49,980	111,958	156,012	(5)
391,867	1,033,899	678,022	1,389,774	51,259	120,554	168,225	(6)
234,951	306,392	138,284	474,500	15,324	42,025	72,776	(7)
268,101	406,053	438,605	373,500	15,287	43,552	74,080	(8)
142,860	715,830	204,796	1,226,864	34,656	69,933	83,236	(9)
123,766	627,846	239,417	1,016,274	35,972	77,002	94,145	(10)
648,993	1,200,912	480,853	1,920,972	123,054	245,050	198,062	(11)
551,543	1,136,544	378,737	1,894,349	129,840	222,749	326,497	(12)
416,687	1,103,115	459,267	1,746,964	95,783	222,823	195,758	(13)
365,097	1,050,301	356,769	1,743,832	101,555	199,983	308,426	(14)
232,306	97,797	21,586	174,008	27,271	22,227	2,304	(15)
186,446	86,243	21,968	150,517	28,285	22,766	18,071	(16)
277,782	1,716,991	711,694	2,722,285	11,818	72,712	367,509	(17)
313,583	1,753,243	754,041	2,752,443	△ 189	87,613	399,478	(18)
277,782	1,716,967	711,694	2,722,238	11,818	72,712	367,509	(19)
313,583	1,753,215	754,041	2,752,388	△ 189	87,613	399,478	(20)
7,833	57,769	21,250	94,288	5,910	9,090	19,333	(21)
7,833	59,764	25,240	94,288	5,910	9,090	19,333	(22)
-	16,733	750	32,715	-	3,715	-	(23)
-	6,143	750	11,535	-	3,715	-	(24)
269,949	1,644,495	689,694	2,599,295	5,908	59,907	348,176	(25)
305,750	1,689,415	728,051	2,650,779	△ 6,099	74,808	380,145	(26)
-	△ 2,030	-	△ 4,060	-	-	-	(27)
-	△ 2,107	-	△ 4,214	-	-	-	(28)
-	24	-	47	-	-	-	(29)
-	28	-	55	-	-	-	(30)
-	-	-	-	-	-	-	(31)
-	-	-	-	-	-	-	(32)

(2)　主とする漁業種類別（続き）
　ウ　財産（続き）
　　(ｲ)　負債・純資産（続き）

区分	遠洋・近海まぐろはえ縄				
	10～20T未満	200～500	500T以上		
				500～1,000	1,000T以上
	(13)	(14)	(15)	(16)	(17)
負債・純資産合計（期首）(1)	78,271	286,366	1,669,396	922,080	2,167,609
（期末）(2)	69,415	312,726	1,683,543	852,380	2,237,654
負債合計（期首）(3)	56,581	262,398	1,330,456	836,512	1,659,754
（期末）(4)	45,955	262,675	1,301,690	733,737	1,680,326
流動負債合計（期首）(5)	20,659	140,302	851,164	359,457	1,178,968
（期末）(6)	15,251	156,713	702,680	287,658	979,362
短期借入金（期首）(7)	14,405	75,912	540,144	186,925	775,623
（期末）(8)	5,909	71,498	423,465	204,675	569,325
その他（期首）(9)	6,254	64,390	311,020	172,532	403,345
（期末）(10)	9,342	85,215	279,215	82,983	410,037
固定負債合計（期首）(11)	35,922	122,096	479,292	477,055	480,786
（期末）(12)	30,704	105,962	599,010	446,079	700,964
長期借入金（期首）(13)	33,760	110,837	465,527	470,563	462,172
（期末）(14)	28,875	97,782	584,804	444,509	678,334
その他（期首）(15)	2,162	11,259	13,765	6,492	18,614
（期末）(16)	1,829	8,180	14,206	1,570	22,630
純資産合計（期首）(17)	21,690	23,968	338,940	85,568	507,855
（期末）(18)	23,460	50,051	381,853	118,643	557,328
株主資本合計（期首）(19)	21,690	23,968	338,940	85,568	507,855
（期末）(20)	23,460	50,051	381,853	118,643	557,328
資本金（期首）(21)	3,000	7,333	23,600	17,750	27,500
（期末）(22)	3,000	7,333	23,600	17,750	27,500
資本剰余金（期首）(23)	-	-	7,258	-	12,097
（期末）(24)	-	-	7,258	-	12,097
利益剰余金（期首）(25)	18,690	16,635	321,287	67,818	490,266
（期末）(26)	20,460	42,718	364,200	100,893	539,739
その他（期首）(27)	-	-	△　13,205	-	△　22,008
（期末）(28)	-	-	△　13,205	-	△　22,008
評価・換算差額等（期首）(29)	-	-	-	-	-
（期末）(30)	-	-	-	-	-
新株予約権（期首）(31)	-	-	-	-	-
（期末）(32)	-	-	-	-	-

単位：千円

遠洋・近海かつお一本釣		遠洋・近海いか釣	その他の漁業	
100～200T未満	500 T 以上	100～200T未満	10～20T未満	
(18)	(19)	(20)	(21)	
179,862	2,557,087	192,418	74,700	(1)
181,122	2,300,292	194,080	71,435	(2)
103,548	2,118,820	51,241	75,012	(3)
98,862	1,959,196	39,004	70,816	(4)
31,181	851,470	33,085	36,179	(5)
40,364	546,725	19,170	37,918	(6)
1,723	373,868	4,121	27,666	(7)
2,585	166,535	3,068	27,557	(8)
29,458	477,602	28,964	8,513	(9)
37,779	380,190	16,102	10,361	(10)
72,367	1,267,350	18,156	38,833	(11)
58,498	1,412,471	19,834	32,898	(12)
64,573	1,246,008	13,150	36,908	(13)
51,262	1,388,531	13,194	32,262	(14)
7,794	21,342	5,006	1,925	(15)
7,236	23,940	6,640	636	(16)
76,314	438,267	141,177	△ 312	(17)
82,260	341,096	155,076	619	(18)
76,314	438,267	141,177	△ 312	(19)
82,260	341,096	155,076	619	(20)
3,349	20,000	10,800	3,667	(21)
3,349	20,000	10,800	3,667	(22)
-	2,767	600	-	(23)
-	2,767	600	-	(24)
72,965	419,170	129,777	△ 3,979	(25)
78,911	321,999	143,676	△ 3,048	(26)
-	△ 3,670	-	-	(27)
-	△ 3,670	-	-	(28)
-	-	-	-	(29)
-	-	-	-	(30)
-	-	-	-	(31)
-	-	-	-	(32)

(2) 主とする漁業種類別（続き）
エ 損益

区分		沖合底びき網		船びき網		
		50～100T未満	100～200	10～20T未満	20～50	50～100
		(1)	(2)	(3)	(4)	(5)
売上高合計	(1)	170,352	384,512	47,106	79,186	210,914
漁労売上高	(2)	159,429	354,525	22,662	48,069	81,557
漁労外売上高	(3)	10,923	29,987	24,444	31,117	129,357
売上原価合計	(4)	130,079	299,052	24,819	57,585	160,129
漁労売上原価合計	(5)	127,917	294,101	17,358	35,376	71,501
期首棚卸高	(6)	-	7	-	-	32
製品製造原価合計	(7)	127,917	294,116	17,358	35,376	71,469
労務費	(8)	61,730	139,203	10,172	18,626	29,911
材料費及び経費合計	(9)	66,187	154,913	7,186	16,750	41,558
漁船・漁具費	(10)	8,615	10,134	529	1,308	705
油費	(11)	21,266	44,891	1,523	4,298	12,515
えさ代	(12)	-	-	-	-	-
種苗代	(13)	-	-	-	-	-
修繕費	(14)	15,930	46,299	974	2,742	7,067
租税公課	(15)	3,940	6,780	1,748	775	2,004
減価償却費	(16)	8,137	19,252	1,352	3,292	5,115
その他	(17)	8,299	27,557	1,060	4,335	14,152
期末棚卸高	(18)	-	22	-	-	-
漁労外売上原価	(19)	2,162	4,951	7,461	22,209	88,628
販売費及び一般管理費合計	(20)	27,070	78,390	19,973	21,555	31,627
漁労販売費及び一般管理費合計	(21)	27,070	76,197	11,931	14,170	17,342
給料手当・役員報酬	(22)	5,369	33,218	9,205	9,631	9,412
販売手数料	(23)	10,218	17,795	731	1,645	2,899
租税公課	(24)	156	5,924	147	179	1,162
減価償却費	(25)	430	3,328	66	359	107
その他	(26)	10,897	15,932	1,782	2,356	3,762
漁労外販売費及び一般管理費	(27)	-	2,193	8,042	7,385	14,285
営業外収益	(28)	4,580	21,027	438	1,979	808
営業外費用合計	(29)	1,445	5,815	194	254	3,546
支払利息及び割引料	(30)	1,286	3,079	194	254	3,480
その他	(31)	159	2,736	-	-	66
特別利益	(32)	2,005	2,777	-	2,215	1,800
特別損失	(33)	302	1,949	68	2,051	16,366
法人税、住民税及び事業税	(34)	1,886	5,578	1,141	1,050	306
当期純利益	(35)	16,155	17,532	1,349	885	1,548

単位：千円

大中型まき網				中・小型まき網			
200～500T未満	500 T 以上	500～1,000	1,000T以上	50～100T未満	100 ～ 200	200 ～ 500	
(6)	(7)	(8)	(9)	(10)	(11)	(12)	
1,141,828	3,589,188	1,193,667	5,984,709	145,859	394,629	711,700	(1)
1,095,662	3,003,539	1,132,435	4,874,644	138,095	347,429	685,444	(2)
46,166	585,649	61,232	1,110,065	7,764	47,200	26,256	(3)
914,055	3,140,104	1,001,165	5,279,044	118,454	306,427	542,327	(4)
914,055	2,875,425	1,001,139	4,749,712	118,345	302,762	541,233	(5)
5,784	32,259	22,553	41,965	272	10,519	-	(6)
938,446	2,893,743	1,006,626	4,780,861	118,347	303,812	541,233	(7)
311,197	976,169	371,910	1,580,428	58,464	126,340	243,025	(8)
627,249	1,917,574	634,716	3,200,433	59,883	177,472	298,208	(9)
35,616	344,473	23,130	665,816	6,650	14,152	23,458	(10)
134,830	454,762	196,430	713,095	13,927	33,387	84,890	(11)
-	10,032	9,384	10,681	6	6,680	-	(12)
-	-	-	-	-	1,073	-	(13)
102,851	313,101	123,944	502,257	7,479	17,274	66,107	(14)
1,565	59,390	6,495	112,285	1,253	451	1,821	(15)
164,522	353,792	109,716	597,868	16,568	57,809	62,515	(16)
187,865	382,024	165,617	598,431	14,000	46,646	59,417	(17)
30,175	50,577	28,040	73,114	274	11,569	-	(18)
-	264,679	26	529,332	109	3,665	1,094	(19)
187,787	411,827	216,947	606,709	39,667	80,497	182,782	(20)
187,787	376,973	216,606	537,342	39,667	80,497	182,782	(21)
68,070	122,733	71,407	174,060	17,480	36,923	85,292	(22)
52,969	123,990	54,909	193,071	6,806	15,840	47,882	(23)
5,324	17,202	9,543	24,862	1,717	2,902	2,776	(24)
7,335	15,391	6,550	24,233	1,489	2,653	10,163	(25)
54,089	97,657	74,197	121,116	12,175	22,179	36,669	(26)
-	34,854	341	69,367	-	-	-	(27)
5,728	84,925	94,565	75,284	6,993	21,651	65,918	(28)
9,853	20,734	12,790	28,677	1,525	2,042	4,161	(29)
9,383	16,823	11,363	22,282	1,138	2,042	3,471	(30)
470	3,911	1,427	6,395	387	-	690	(31)
4,185	44,861	6,761	82,960	860	20	4,066	(32)
1,150	66,677	13,953	119,401	5,257	5,371	4,606	(33)
3,095	34,712	11,785	57,640	816	7,063	15,839	(34)
35,801	44,920	38,353	51,482	△ 12,007	14,900	31,969	(35)

(2) 主とする漁業種類別（続き）
エ 損益（続き）

区分	遠洋・近海まぐろはえ縄				
	10～20T未満	200～500	500T以上	500～1,000	1,000T以上
	(13)	(14)	(15)	(16)	(17)
売上高合計 (1)	104,956	376,484	1,194,557	558,356	1,618,691
漁労売上高 (2)	101,542	345,267	1,027,290	550,370	1,345,236
漁労外売上高 (3)	3,414	31,217	167,267	7,986	273,455
売上原価合計 (4)	80,081	283,940	1,049,357	474,361	1,432,686
漁労売上原価合計 (5)	80,081	252,669	937,850	474,361	1,246,841
期首棚卸高 (6)	2,039	1,734	38,518	-	64,197
製品製造原価合計 (7)	78,530	252,225	943,416	474,361	1,256,118
労務費 (8)	26,004	75,090	311,316	159,666	412,416
材料費及び経費合計 (9)	52,526	177,135	632,100	314,695	843,702
漁船・漁具費 (10)	8,902	11,603	46,055	22,528	61,740
油費 (11)	16,974	58,799	215,896	107,887	287,902
えさ代 (12)	7,359	23,100	89,607	38,012	124,003
種苗代 (13)	-	-	-	-	-
修繕費 (14)	5,548	27,976	94,391	53,215	121,841
租税公課 (15)	1,137	2,674	6,906	6,792	6,982
減価償却費 (16)	5,699	12,108	64,361	28,741	88,108
その他 (17)	6,907	40,875	114,884	57,520	153,126
期末棚卸高 (18)	488	1,290	44,084	-	73,474
漁労外売上原価 (19)	-	31,271	111,507	-	185,845
販売費及び一般管理費合計 (20)	22,119	58,441	138,414	64,149	187,924
漁労販売費及び一般管理費合計 (21)	22,119	58,295	125,294	64,149	166,057
給料手当・役員報酬 (22)	9,269	34,719	56,761	30,102	74,533
販売手数料 (23)	6,213	4,530	20,280	11,152	26,365
租税公課 (24)	1,132	2,386	5,038	2,127	6,979
減価償却費 (25)	1,042	3,356	4,253	2,023	5,740
その他 (26)	4,463	13,304	38,962	18,745	52,440
漁労外販売費及び一般管理費 (27)	-	146	13,120	-	21,867
営業外収益 (28)	563	18,510	46,878	37,871	52,883
営業外費用合計 (29)	378	2,474	17,024	12,991	19,711
支払利息及び割引料 (30)	370	2,224	13,994	12,976	14,672
その他 (31)	8	250	3,030	15	5,039
特別利益 (32)	8	5,532	67,221	18,962	99,393
特別損失 (33)	-	18,331	30,557	19,903	37,660
法人税、住民税及び事業税 (34)	1,181	11,256	30,393	10,709	43,515
当期純利益 (35)	1,768	26,084	42,911	33,076	49,471

単位：千円

遠洋・近海 かつお一本釣		遠洋・近海 いか釣	その他の漁業	
100～200Ｔ未満	500 Ｔ 以 上	100～200Ｔ未満	10～20Ｔ未満	
(18)	(19)	(20)	(21)	
339, 378	1, 482, 971	219, 438	70, 427	(1)
324, 690	766, 297	163, 466	69, 599	(2)
14, 688	716, 674	55, 972	828	(3)
253, 164	1, 260, 235	164, 637	53, 020	(4)
253, 164	1, 037, 794	127, 200	52, 823	(5)
-	-	-	-	(6)
253, 164	1, 037, 794	127, 200	52, 823	(7)
104, 787	318, 220	57, 442	27, 492	(8)
148, 377	719, 574	69, 758	25, 331	(9)
2, 005	63, 489	10, 258	934	(10)
64, 748	220, 938	29, 743	8, 775	(11)
37, 947	67, 170	-	911	(12)
-	-	-	-	(13)
20, 957	137, 598	11, 786	3, 729	(14)
3, 416	9, 867	1, 021	1, 155	(15)
6, 962	155, 493	6, 159	5, 308	(16)
12, 342	65, 019	10, 791	4, 519	(17)
-	-	-	-	(18)
-	222, 441	37, 437	197	(19)
82, 753	218, 219	36, 406	17, 412	(20)
82, 753	134, 106	29, 091	17, 355	(21)
36, 030	44, 931	17, 382	6, 953	(22)
16, 040	16, 464	7, 821	4, 543	(23)
7, 454	3, 064	136	766	(24)
925	8, 392	290	563	(25)
22, 304	61, 255	3, 462	4, 530	(26)
-	84, 113	7, 315	57	(27)
4, 319	111, 798	4, 655	3, 238	(28)
668	22, 773	134	748	(29)
657	16, 229	134	378	(30)
11	6, 544	-	370	(31)
78	14, 543	-	2, 125	(32)
625	204, 371	6, 675	3, 571	(33)
620	883	2, 343	109	(34)
5, 945	△ 97, 169	13, 898	930	(35)

(2) 主とする漁業種類別（続き）
オ 漁業投下資本

区分	沖合底びき網 50～100T未満	沖合底びき網 100～200	船びき網 10～20T未満	船びき網 20～50	船びき網 50～100
	(1)	(2)	(3)	(4)	(5)
漁業投下資本合計 (1)	118,372	280,567	16,221	34,798	79,404
漁業投下固定資本合計 (2)	45,162	106,708	2,285	11,850	37,593
有形固定資産合計 (3)	45,001	106,526	2,095	11,830	37,563
土地 (4)	－	15,395	－	253	19,236
建物・構築物 (5)	1,404	22,981	37	1,931	3,477
船舶 (6)	37,915	59,680	1,405	7,080	6,823
漁網・はえ縄 (7)	2,081	2,386	386	238	1,164
その他 (8)	3,601	6,084	267	2,328	6,863
無形固定資産合計 (9)	161	182	190	20	30
漁業権 (10)	－	－	190	－	－
その他 (11)	161	182	－	20	30
漁業投下流動資本 (12)	73,210	173,859	13,936	22,948	41,811

区分	遠洋・近海まぐろはえ縄 10～20T未満	200～500	500T以上	500～1,000	1,000T以上
	(13)	(14)	(15)	(16)	(17)
漁業投下資本合計 (1)	66,678	181,382	990,698	594,380	1,254,912
漁業投下固定資本合計 (2)	18,948	33,632	493,433	340,507	595,387
有形固定資産合計 (3)	18,714	33,380	483,109	328,758	586,012
土地 (4)	－	7,829	136,340	23,639	211,474
建物・構築物 (5)	2,928	9,646	29,590	7,892	44,056
船舶 (6)	13,782	11,555	300,097	281,070	312,783
漁網・はえ縄 (7)	－	3,594	8,197	11,375	6,079
その他 (8)	2,004	756	8,885	4,782	11,620
無形固定資産合計 (9)	234	252	10,324	11,749	9,375
漁業権 (10)	234	252	9,506	11,378	8,259
その他 (11)	－	－	818	371	1,116
漁業投下流動資本 (12)	47,730	147,750	497,265	253,873	659,525

単位：千円

大中型まき網				中・小型まき網			
200～500T未満	500T以上			50～100T未満	100～200	200～500	
		500～1,000	1,000T以上				
(6)	(7)	(8)	(9)	(10)	(11)	(12)	
979, 571	2, 631, 911	1, 065, 558	4, 198, 264	200, 842	388, 332	548, 606	(1)
514, 578	1, 190, 303	514, 818	1, 865, 787	130, 864	226, 933	222, 937	(2)
489, 338	1, 169, 479	498, 583	1, 840, 374	130, 795	225, 606	220, 715	(3)
33, 965	105, 059	123, 566	86, 552	7, 172	8, 388	19, 464	(4)
4, 157	50, 123	40, 825	59, 422	15, 275	33, 434	54, 810	(5)
373, 002	884, 926	291, 369	1, 478, 482	91, 841	154, 451	116, 783	(6)
36, 068	82, 773	27, 190	138, 356	10, 328	18, 499	10, 805	(7)
42, 146	46, 598	15, 633	77, 562	6, 179	10, 834	18, 853	(8)
25, 240	20, 824	16, 235	25, 413	69	1, 327	2, 222	(9)
25, 200	19, 920	14, 663	25, 178	－	904	2, 167	(10)
40	904	1, 572	235	69	423	55	(11)
464, 993	1, 441, 608	550, 740	2, 332, 477	69, 978	161, 399	325, 669	(12)

遠洋・近海かつお一本釣		遠洋・近海いか釣	その他の漁業	
100～200T未満	500T以上	100～200T未満	10～20T未満	
(18)	(19)	(20)	(21)	
188, 474	1, 372, 228	99, 194	50, 724	(1)
24, 459	868, 220	24, 273	18, 570	(2)
24, 447	832, 526	24, 273	18, 570	(3)
452	23, 507	5, 054	－	(4)
1, 511	160, 101	1, 334	1, 845	(5)
20, 223	630, 353	15, 345	6, 094	(6)
－	－	－	5, 325	(7)
2, 261	18, 565	2, 540	5, 306	(8)
12	35, 694	－	－	(9)
－	35, 415	－	－	(10)
12	279	－	－	(11)
164, 015	504, 008	74, 921	32, 154	(12)

（付表）

個人経営体調査票

会社経営体調査票

秘
農林水産省

2066

平成　　年　漁業経営調査

個　人　経　営　体　調　査　票

記入見本 0 1 2 3 4 5 6 7 8 9

入力方向

大海区	都道府県	経営体番号	階層番号	経営組織	調査票コード
					1 1

1　経営主の年齢（昨年12月末）

自営漁業・養殖業の経営主の年齢を記入してください。

年　齢（歳）	001

2　基幹的漁業従事者の年齢（昨年12月末）

満15歳以上で自営漁業の海上作業従事日数が最も多い人の年齢を記入してください。

年　齢（歳）	002

3　家族員数（昨年12月末）

家族の人数を記入してください。

家族員数（人）	[illegible]

4　操業状況

（1）使用漁船

昨年1年間に漁業・養殖業に使用した漁船（他から借りて使用した漁船を含みます。）の隻数を漁船の種類ごとに記入してください。

また、動力船について合計総トン数を記入してください。

漁船の種類	隻数（隻）	合計総トン数（トン）
動力船	004	007
船外機付船	005	
無動力船	006	

（2）漁業・養殖業種類

昨年1年間に営んだ漁業・養殖業種類のうち最も生産物収入が多い漁業種類又は養殖業種類のいずれかを右表の「04」～「34」の中から、該当するコードを記入してください。

漁業種類	008
養殖業種類	009

（3）養殖施設面積等

所有するすべての養殖施設面積を記入してください。

また、網掛けのある養殖業の養殖施設面積と経営全体に占める養殖業生産物収入の割合を記入してください。

養殖施設面積（㎡）		010
最も生産物収入が多い養殖業	養殖施設面積（㎡）	011
	生産物収入の割合（％）	012

（4）出漁日数、労働日数・時間

昨年1年間の「出漁日数」を記入してください。

また、それらに従事した家族、雇用者別の「労働日数（人日）」、「総労働時間（時間）」を記入してください。

区分		出漁日数（日）	家族・雇用者	作業区分	労働日数（人日）	総労働時間（時間）
漁業	経営全体	013	家族	海上	014	018
				陸上	015	019
			雇用者	海上	016	020
				陸上	017	021
養殖業	経営全体	022	家族	海上	023	027
				陸上	024	028
			雇用者	海上	025	029
				陸上	026	030
	最も生産物収入が多い養殖業	031	家族	海上	032	036
				陸上	033	037
			雇用者	海上	034	038
				陸上	035	039

注：1「出漁日数（日）」　：漁獲・収獲の有無に関わらず海上作業を目的として操業した日数を記入します。

2「労働日数（人日）」：海上 → 出漁日数に通常の従事者数を乗じて記入します。
陸上 → 陸上作業日数に通常の従事者数を乗じて記入します。

3「総労働時間（時間）」：従事した家族、雇用者別に延べ作業時間を記入します。

漁業・養殖業種類	コード
沖合底びき網1そうびき	04
沖合底びき網2そうびき	05
小型底びき網	06
船びき網	07
大中型まき網	08
中・小型まき網	09
さけ・ます流し網	10
その他の刺網	11
さんま棒受網	12
その他の網漁業	13
遠洋まぐろはえ縄	14
近海まぐろはえ縄	15
沿岸まぐろはえ縄	16
その他のはえ縄	17
遠洋かつお一本釣	18
近海かつお一本釣	19
沿岸かつお一本釣	20
遠洋いか釣	21
近海いか釣	22
沿岸いか釣	23
ひき縄釣	24
その他の釣	25
採貝・採藻	26
小型定置網	27
その他の漁業	28
ぶり類養殖	29
まだい養殖	30
ほたてがい養殖	31
かき類養殖	32
のり類養殖	34

政府統計

統計法に基づく国の統計調査です。調査票情報の秘密の保護に万全を期します。

2067

平成　　年 漁業経営調査

個人経営体調査票

記入見本 0123456789

入力方向

大海区	都道府県	経営体番号	調査票コード
			2

4 操業状況(つづき)

(5) 最盛期の従事者数

漁業・養殖業の海上作業(養殖業の場合は陸上作業を含む。)に従事した人が、最も多かった時期の人数を記入してください。

最盛期の従事者数(人)			
	家　族	100	
	雇用者	101	

(6) 企画管理労働

漁業・養殖業の経営に関する集会や研修会に参加した人、帳簿管理等を行った人の「労働日数(人日)」と「延べ労働時間(時間)」を記入してください。

	労働日数(人日)		延べ労働時間(時間)	
企画管理労働	102		103	

(7) 漁獲量

漁業(養殖業以外)による漁獲物の数量を記入してください。

漁獲量(kg)	104	

(8) 収獲量

養殖業による収獲物の数量を記入してください。

魚種		数量
ぶり類(kg)	105	
まだい(kg)	106	
ほたてがい(kg)	107	
かき類(むき身)(kg)	108	
のり類 板のり(千枚)	109	
のり類 その他(kg)	110	
その他(kg)	111	

5 財産(貸借対照表)

税務申告書の「貸借対照表」等を参考に資産・負債額を記入してください。
また、固定資産について漁業・養殖業の負担割合を記入してください。

資産・負債			期首(千円)		期末(千円)		漁業・養殖業負担割合(%)	
資産	流動資産	112		125				
資産	固定資産 土地	113		126		138		
資産	固定資産 建物・構築物	114		127		139		
資産	固定資産 船舶	115		128		140		
資産	固定資産 漁網・はえ縄	116		129		141		
資産	固定資産 養殖施設	117		130				
資産	固定資産 漁業権	118		131				
資産	固定資産 その他	119		132		142		
資産	固定資産合計	120		133				
資産	資産合計	121		134				
負債	借入金	122		135				
負債	その他	123		136				
負債	負債合計	124		137				

注：　漁網・はえ縄を自営漁業以外(共同経営等)に使用している場合については、使用した出漁日数全体に対する自営漁業に使用した出漁日数の割合により、負担割合を記入してください。

2	0	6	8

平成　　年 漁業経営調査

個人経営体調査票

記入見本	0	1	2	3	4	5	6	7	8	9

入力方向

大海区	都道府県	経営体番号	調査票コード
			3

6 損益（損益計算書）

税務申告書の「損益計算書」等を参考に漁業・養殖業に関わる収支（漁労収入・漁労支出、棚卸高）及び、漁業・養殖業以外の水産加工業等の自営業に関わる収支（漁労外事業収入、漁労外事業支出、棚卸高）等を記入してください。

（1）収入

損益計算書の「売上（収入）金額」のうち、漁業・養殖業、漁労外事業に関わる収入及び、補助・補償金を記入してください。

ア 漁業・養殖業に関わる収入

収入項目		収入額（千円）
漁業生産物収入	200	
うち、直売所・自家販売	201	
養殖業生産物収入	202	
うち、直売所・自家販売	203	

注：「うち、直売所・自家販売」については、直売所、道の駅等で場所を借りて販売、自家店舗、通販、インターネット販売、行商などで販売した金額を記入します。

イ 漁労外事業に関わる収入

（単位：千円）

水産加工業	204	
民宿	205	
遊漁船業	206	
その他事業	207	

ウ 補助・補償金

（単位：千円）

補助・補償金	208	
うち、漁業・養殖業	209	

注：「補助・補償金」については、漁業・養殖業以外の自営業に関わる補助・補償金を含めた金額を記入します。

（2）支出

損益計算書の「売上原価」、「経費」のうち、「漁業・養殖業に関わる支出」及び「漁労外事業に関わる支出」を記入してください。

ア 漁業・養殖業に関わる支出

支出項目		支出額（千円）
雇用労賃	210	
漁船・漁具費	211	
油費	212	
えさ代	213	
種苗代	214	
修繕費	215	
販売手数料	216	
負債利子	217	
租税公課諸負担	218	
減価償却費	219	
その他	220	
合計（漁労支出）	221	

イ 漁労外事業に関わる支出

（単位：千円）

漁労外事業支出	222	

（3）棚卸高

損益計算書の「棚卸高」のうち、「漁業・養殖業に関わる棚卸高」及び「漁労外事業に関わる棚卸高」を記入してください。

ア 漁業・養殖業に関わる棚卸高

支出項目		評価額（千円）
期首棚卸高	223	
期末棚卸高	224	

イ 漁労外事業に関わる棚卸高

（単位：千円）

期首棚卸高	225	
期末棚卸高	226	

注：製造原価の計算において、原材料棚卸高、半製品・仕掛品棚卸高を計上している場合は、それらも加算して記入します。

（4）減価償却費

（2）アの「漁業・養殖業に関わる支出」の減価償却費のうち、以下に該当する項目は、「償却額」を記入してください。

支出項目		償却額（千円）
建物・構築物	227	
船舶	228	
漁網・はえ縄	229	
養殖施設	230	
漁業権	231	

秘
農 林 水 産 省

2075

平成　　年度　漁業経営調査

会 社 経 営 体 調 査 票

記入見本 0 1 2 3 4 5 6 7 8 9

大海区	都道府県	経営体番号	階層番号	経営組織	調査票コード
:	: :	: : :	: :	2	1

入力方向

政府統計

統計法に基づく国の統計調査です。調査票情報の秘密の保護に万全を期します。

1 漁業操業状況

(1) 漁業種類

過去1年間に営んだ漁業・養殖業種類のうち、最も売上高の多い漁業種類又は養殖業種類のいずれかを下表の「01」～「23」の中から該当するコードを記入してください。

漁業種類	001	: :
養殖業種類	002	: :

(2) 養殖施設面積

所有するすべての養殖施設面積を記入してください。

養殖施設面積(㎡)	003	: : : : : :

(3) 漁獲量

漁獲物の数量を記入してください。

漁獲量(t)	004	: : : : : :

(4) 出漁日数

漁業(養殖業)のために出漁した航海の所要日数を述べ日数で記入してください。

出漁日数(日)	005	: : : :

(5) 最盛期の従事者数

漁業(養殖業)の海上作業(養殖業の場合は陸上作業を含む。)に従事した人が最も多かった時期の人数を記入してください。

最盛期の従事者数(人)	006	: : : :

漁業・養殖業種類	コード	漁業・養殖業種類	コード	漁業・養殖業種類	コード
沖合底びき網1そうびき	01	沿岸まぐろはえ縄	09	船びき網	19
沖合底びき網2そうびき	02	遠洋かつお一本釣	10	採貝・採藻	20
大中型まき網	03	近海かつお一本釣	11	その他の漁業	21
中・小型まき網	04	沿岸かつお一本釣	12	ぶり類養殖	22
さけ・ます流し網	05	遠洋いか釣	13	まだい養殖	23
さんま棒受網	06	近海いか釣	14		
遠洋まぐろはえ縄	07	沿岸いか釣	15		
近海まぐろはえ縄	08	小型底びき網	18		

2 使用漁船

過去1年間に漁業(養殖業)に使用した漁船(他から借りて使用した漁船を含みます。)の隻数を漁船の種類ごとに記入してください。

また、動力船について合計総トン数を記入してください。

漁船の種類	隻数(隻)	合計総トン数(トン)
動力船	007 : :	010 : : : : : . : :
船外機付船	008 : :	
無動力船	009 : :	

3 漁業投下固定資本

以下の固定資産の漁業への負担割合を記入してください。

		漁業負担割合(%)
有形固定資産	土地	011 : : :
	建物・構築物	012 : : :
	船船	013 : : :
	漁網・はえ縄	014 : : :
	その他	015 : : :
無形固定資産	漁業権	016 : : :
	その他	017 : : :

2076

平成　年度　漁業経営調査

会社経営体調査票

記入見本 0 1 2 3 4 5 6 7 8 9

大海区	都道府県	経営体番号	調査票コード
			2

入力方向

4 財産（貸借対照表）

資産			期首（千円）	期末（千円）
流動資産			100	114
固定資産	有形固定資産	土地	101	115
		建物・構築物	102	116
		船舶	103	117
		漁網・はえ縄	104	118
		その他	105	119
		有形固定資産合計	106	120
	無形固定資産	漁業権	107	121
		その他	108	122
		無形固定資産合計	109	123
	投資その他の資産		110	124
	固定資産合計		111	125
繰延資産			112	126
資産合計			113	127

負債・純資産			期首（千円）	期末（千円）
負債	流動負債	短期借入金	128	142
		その他	129	143
		流動負債合計	130	144
	固定負債	長期借入金	131	145
		その他	132	146
		固定負債合計	133	147
純資産	株主資本	資本金	134	148
		資本剰余金	135	149
		利益剰余金	136	150
		その他	137	151
		株主資本合計	138	152
	評価・換算差額等		139	153
	新株予約権		140	154
負債・純資産合計			141	155

2	0	7	7

平成　　年度　漁業経営調査

会社経営体調査票

記入見本 0 1 2 3 4 5 6 7 8 9

入力方向

大海区	都道府県	経営体番号	調査票コード
			3

5 損益(損益計算書)

単位:千円

売上高				漁労売上高	200	
売上高				その他	201	
売上高				売上高合計	202	
売上原価	漁労売上原価			期首棚卸高	203	
売上原価	漁労売上原価	製品製造原価		労務費	204	
売上原価	漁労売上原価	製品製造原価	材料費及び経費	漁船・漁具費	205	
売上原価	漁労売上原価	製品製造原価	材料費及び経費	油費	206	
売上原価	漁労売上原価	製品製造原価	材料費及び経費	えさ代	207	
売上原価	漁労売上原価	製品製造原価	材料費及び経費	種苗代	208	
売上原価	漁労売上原価	製品製造原価	材料費及び経費	修繕費	209	
売上原価	漁労売上原価	製品製造原価	材料費及び経費	租税公課	210	
売上原価	漁労売上原価	製品製造原価	材料費及び経費	減価償却費	211	
売上原価	漁労売上原価	製品製造原価	材料費及び経費	その他	212	
売上原価	漁労売上原価	製品製造原価	材料費及び経費	材料費及び経費合計	213	
売上原価	漁労売上原価	製品製造原価		製品製造原価合計	214	
売上原価	漁労売上原価			期末棚卸高	215	
売上原価	漁労売上原価			漁労売上原価合計	216	
売上原価				その他	217	
売上原価				売上原価合計	218	
				売上総利益	219	

単位:千円

販売費及び一般管理費	漁労販売費及び一般管理費	給料手当・役員報酬	220	
販売費及び一般管理費	漁労販売費及び一般管理費	販売手数料	221	
販売費及び一般管理費	漁労販売費及び一般管理費	租税公課	222	
販売費及び一般管理費	漁労販売費及び一般管理費	減価償却費	223	
販売費及び一般管理費	漁労販売費及び一般管理費	その他	224	
販売費及び一般管理費	漁労販売費及び一般管理費	漁労販売費及び一般管理費合計	225	
販売費及び一般管理費		その他	226	
販売費及び一般管理費		販売費及び一般管理費合計	227	
		営業利益	228	
		営業外収益	229	
営業外費用		支払利息及び割引料	230	
営業外費用		その他	231	
営業外費用		営業外費用合計	232	
		経常利益	233	
		特別利益	234	
		特別損失	235	
		税引前当期純利益	236	
		法人税、住民税及び事業税	237	
		当期純利益	238	

平成30年　漁業経営調査報告

令和３年１月　発行　　　　　　定価は表紙に表示してあります。

編 集　〒100-8950　東京都千代田区霞が関１－２－１
農林水産省大臣官房統計部

発 行　〒153-0064　東京都目黒区下目黒3-9-13　目黒・炭やビル
一般財団法人　農林統計協会
振替　00190-5-70255　TEL 03(3492)2987

ISBN978-4-541-04344-3 C3062